► 50則非知不可的數學概念

50 Mathematical Ideas
you really need to know

湯尼・克立（Tony Crilly）★ 著

李明芝 ★ 譯

目錄

簡介

數學是一門浩瀚無邊的學科，不可能有人能完全通曉。一個人能做的，只有探索並尋找出個人的路。此處，在我們眼前敞開的種種可能，將引領我們前往其他的時代和不同的文化，讓我們領略幾世紀以來數學家們深深著迷的概念。

數學既古老、又現代，建構的過程受到廣泛的文化和政治影響。我們現代的數字系統是從印度和阿拉伯衍生出來，經過漫長歷史不斷調和的結果。西元前兩、三千年巴比倫人的「六十進制」在我們的文化裡還看得到，如一分鐘有60秒和一小時有60分鐘，且直角仍然是90度，而非法國大革命向十進制邁進時所採取的第一個措施——將之改為100百分度。

現代的技術成就十分仰賴數學，倘若你聲稱求學時數學不好，這真的一點都不值得炫耀。當然，學校裡學的數學是不一樣的，教學的目的通常是為了考試。而學校有時間壓力這點，更是幫了個倒忙，因為數學這門學科一旦求快就失去了它的價值。人們需要時間深入理解這些想法。就連有些最偉大的數學家在奮力了解自己議題的深奧概念時，都曾長期地經歷痛苦緩慢前行。

看這本書不用著急，你可以悠閒地細細品味、好好深究。依你的步調徐徐前行，慢慢發掘那些你曾經聽過的想法，其真正的意義是什麼。只要你想，你可以從零或任何地方開始，隨意在這數學概念的島嶼之間自由地來回旅行。例如，你可以在了解賽局理論之後，再接著去閱讀有關於魔術方陣的資料。或者，你可以從黃金矩形開始，然後直接前往著名的費馬大定理，或是走任何的其他路徑。

就數學而言，這是個令人興奮的時代，因為其中有些重大的問題已在近期獲得解決。現代計算的發展對有些問題產生助益，但還是對有些問題仍無能為力。在電腦的幫助下，四色問題已經得到解答，不過本書最終章的黎曼猜想仍然未解，無論是用電腦或任何其他方法都還無法解出。

數學適合每個人。大受歡迎的數獨就是個證據，證明人們可以在做數學（無須深入了解）的同時享受數學。數學這個領域就像是藝術或音樂，一直都有許多天才出現，不過光是他們並不能代表整個數學界。或許你看到在某些章節進進出出的幾位佼佼者，在其他章節裡竟然又再出現。2007年才剛過三百週年誕辰紀念的李昂哈德‧歐拉，就很常出現在這本書裡。然而，數學的真正進展，是幾個世紀以來「許多人」的研究累積而成。撰寫這五十個主題是我個人的選擇，但我也嘗試著保持平衡。我選的內容包括有日常和進階的項目、基礎和應用的數學，有古老、新鮮，有抽象、具體。儘管數學是一門綜合的學科，但寫書的困難度其實不在於選擇主題，而是要捨去某些議題。原本可能有500個概念，但只要這50個就已經足夠讓你好好地展開數學生涯了。

01 零

在我們年紀很小的時候，就已經懵懵懂懂地進入了數字天地。我們學會第一個「數字」是 1，而數的數法是 1、2、3、4、5、⋯⋯。數字就是這樣，是用來計算真實的東西——像是蘋果、橘子、香蕉、梨子。但人類並不是從一開始就有辦法計算空籃子裡的蘋果數量。

即便是早期將科學與數學往前推進了一大步的希臘人，或是因為工程技術而享有名聲的羅馬人，都缺乏了有效處理空籃子中蘋果數量的方法。他們無法給予「什麼都沒有」一個稱謂，以至於他們無法計算「什麼都沒有」。羅馬人雖有自己組合 I、V、X、L、C、D 和 M 的方法，但是 0 又在哪裡呢？

0 如何被接受

一般認為，數千年前就已經出現用來標示「空無一物」的符號。位於現今墨西哥的馬雅文明，就用各種方式來表示零。再晚一些時候，受巴比倫文化影響的天文學家托勒密（Claudius Ptolemy），在他的數字系統裡用類似現代的「0」這個符號作為占位符號。作為占位符號的零，可以用來區別，如 75 和 705（現代的記號）這兩個數字，不像是巴比倫人得仰賴前後文的關係來加以區別。或許這有點像是文章中的「逗號」——兩者都在協助我們理解正確的意義。然而，誠如逗號在使用上有一組特定的規則，使用零也有它自己的規則。

西元第七世紀的印度數學家婆羅摩笈多（Brahmagupta）將零視為一個「數字」，而不僅止於占位符號，並且提出零的使用規則。這些規則包含「正數與零相加為正」以及「零與零相加為零」。他把零當作數字而非占位符號，這樣的想法相當先進。以此方法將零納入的印度阿拉伯數字系統，是由義大利比薩的列奧納多（Leonardo），即斐波那契（Fibonacci）帶入西方世界，他在西元 1202 年出版的《計算之書》（*Liber Abaci*）曾提及這個數字系統。在北非成長並從印度

大事紀

西元前 **700**	西元 **628**	西元 **830**
巴比倫人在他們的數字系統中使用零作為占位符號	婆羅摩笈多使用零，並確立零與其他數字的使用規則	瑪哈維拉（Mahavira）對於零與其他數字如何交互作用有其見解

阿拉伯算術的訓練中他意識到，用 0 這個額外的符號，結合上印度符號的 1、2、3、4、5、6、7、8 和 9 的力量有多大。

　　將零帶入數字系統會造成一個問題，婆羅摩笈多對此做了簡短陳述：「該如何對待這個『闖入者』呢？」他起了個頭，但他自以為的妙策卻太過含糊。如何能以更精確的方式將零併入既有的算術系統呢？有些調整相當地直接了當。在進行加法和乘法的時候，0 可以很巧妙地融入，但是減法和除法的運算就無法輕易地跟「外來者」同調。因此，需要有些涵義來確保 0 與既有的算術彼此協調。

0 如何運作？

　　用零進行加法和乘法，相當地直接而且沒有爭議，你可以把 0 放在 10 的後面得到 100，但我們這裡指的「加」，並非那麼有想像力的數字運算。這裡是指把 0 加到一個數字上，會讓那個數字完全沒有改變，但任何數字乘上 0 都會得到 0 的答案。舉例來說，7 + 0 = 0 而 7×0 = 0。減法也是種簡單的運算，只不過有可能得到負數，如 7 − 0 = 7 而 0 − 7 = −7，但進行涉及到零的除法，困難度就提高許多。

　　我們可以想像用測量桿測量長度。假定測量桿的實際長度是 7 個單位。我們想知道某一特定長度可以擺上多少支測量桿。如果待測的長度實際上是 28 個單位，那麼答案就是 28 除以 7，或用符號表示 28÷7 = 4。更能表示這項除法的符號是：

$$\frac{28}{7} = 4$$

　　然後我們可以根據乘法的「交互相乘」，將上述程式改寫成 28 = 7×4。現在我們若是將 0 除以 7 會怎麼樣呢？為了幫助你想出這個問題的答案，我們先將答案設為 a，因此：

$$\frac{0}{7} = a$$

　　交互相乘的結果是 0 = 7×a。如果這樣的話，a 的值只能是 0，因為兩數相乘結果若為 0，其中一個數字必定是 0。顯然 7 不可能是 0，那麼 a 一定是 0。

西元 1100

婆什迦羅在代數中用到 0 這個符號，並試驗如何操作

西元 1202

斐波那契在印度阿拉伯數字系統 1、……、9 加入額外的符號 0，但並非跟他們一樣是數字

這不是處理零的主要困難。危險之處在於把 0 當作除數。如果我們試圖以處理 $\frac{0}{7}$ 的同樣方式來對待 $\frac{7}{0}$，我們就會寫出這樣的式子：

$$\frac{7}{0} = b$$

交互相乘後的等式為 $0 \times b = 7$，我們最終會得到莫名其妙的結果：$0 = 7$。若是承認 $\frac{7}{0}$ 有可能是個數字，我們就會招來更大規模的數字混亂。脫困的方法，是將 $\frac{7}{0}$ 視為沒有意義。7（或其他任何非零的數字）除以 0 沒有任何意義，所以我們完全不該讓這樣的運算發生。同樣的，我們也不允許把逗號放在英文一個單字的字母之間，這樣才不會陷入一團混亂。

十二世紀的印度數學家婆什迦羅（Bhaskara）追隨婆羅摩笈多的腳步，繼續思考把 0 當作除數的除法，他提出當一個數字除以 0 時，得到的結果是無限大。這樣的推論有其道理，因為如果我們將一個數字除以一個非常小的數字，得到答案會非常大。例如，7 除以十分之一（$\frac{1}{10}$）的答案是 70、除以百分之一（$\frac{1}{100}$）的答案是 700。分母的數字越來越小，我們得到的答案會越來越大。所以遇到了終極的小，也就是 0 本身，答案就應該是無限大。倘若採取這樣的推論形式，我們有必要解釋更為古怪的概念，也就是無限大。與無限大苦苦糾纏並沒有幫助；無限大（標準記號是 ∞）不遵守算術的常規、也不是尋常的數字。

如果 $\frac{7}{0}$ 會造成問題，那我們該拿更古怪的 $\frac{0}{0}$ 怎麼辦呢？如果 $\frac{0}{0} = c$，交叉相乘後得到的式子為 $0 = 0 \times c$，其實就是 $0 = 0$。這點沒有特別讓人眼睛一亮，但也不能說是沒有道理。事實上，c 可以是任何數字，並不會是不可能的答案。我們最後的結論是 $\frac{0}{0}$ 可以是任何數字；在文雅的數學圈子裡把它稱做「未定元」。

總而言之，當我們考慮把零當作除數的時候，我們得到的結論是：最好在計算時就不要考慮這種運算。沒有了它，我們就可以開開心心做算術。

零的用途是什麼？

我們不可能完全不用到 0，科學的進展很仰賴它。我們常談到經度零度、溫度零度，另外還有零能量和零重力。在非科學的語言中也找得到零，像是零時（zero-hour，意指關鍵時刻）和零容忍（zero-tolerance，意指絕不寬容）這類的概念。

然而，零還有更廣大的用途。如果你在紐約從第五大道的人行道走進帝國大廈，你會進到 1 號樓層的華麗入口大廳。

這裡使用數字來排序，1 代表第一、2 代表第二等等，到了 102 就表示「一百零二」。在歐洲確實有第 0 層，只是大家都不太願意這麼稱呼。

數學若沒有了零就無法運作。它是數學概念的核心，讓數字系統、代數與幾何得以完備。在數線上，0 是區隔正數與負數的數字，因此占據著特殊的地位。在小數系統中，零則是擔任占位的符號，讓我們得以同時使用極大與極小的數字。

> ## 關於 0 的一切
>
> 零加正數爲正數
>
> 零加負數爲負數
>
> 正數加負數爲他們彼此的差；若兩個數字相等，總和就會是零
>
> 零除以負數或正數的結果等於零，即零爲分子、有限數爲分母的分數
>
> *婆羅摩笈多，西元 628 年*

從過去數百年以來，零已經逐漸被接受和使用，成爲人類最偉大的發明之一。十九世紀的美國數學家霍爾斯特德（G. B. Halsted）改編莎士比亞的《仲夏夜之夢》來加以描繪，他認爲零是進步的推手，「這空虛的無物，不只是有了居處和名字、圖像、符號，還有協助的力量，是印度民族從一出現便展露的特性。」

當 0 剛被引進的時候，一定有人覺得它很奇怪，然而數學家對於看似奇怪、但很久以後將會被證實有用的概念，有著要抓不放的習慣。現今的集合論（set theory）也出現過相同的情況，集合（set）的概念是一組元素的聚集。在這個理論中，用 φ 來表示集合裡完全沒有任何元素，也就是所謂的「空集合（empty set）」。這是個奇怪的概念，然而它就像 0 一樣不可或缺。

重點概念

沒什麼其實是很有什麼

02 數字系統

數字系統是處理「有多少」這種概念的方法。不同時期的不同文化，採行的方法也各有不同，從基本的「一、二、三、很多」到今日所使用高度精密的十進位制表示法都有。

居住在現今敘利亞、約旦和伊拉克地區的蘇美人和巴比倫人，大約四千年前就將位值系統實際使用在日常生活當中。我們之所以將它稱做「位值系統（place-value system）」，是因為你可以從符號的位置辨別「數字」。他們使用 60 作為基本單位——我們今日稱做「六十進位制」〔以 60 為基數（base）〕。我們現在還留有部分的六十進位制用法：一分鐘 60 秒、一小時 60 分鐘。測量角度的時候，我們仍將全角度定為 360 度，不過公制系統試圖將它變成 400 百分度（grads）（這樣每個直角的度數就是 100 百分度）。

儘管我們遠古的祖先本來想把數字用作實用的目的，但還是有些證據證明，他們在早期文化時期對數學本身相當好奇，會在實際生活之外抽出部分時間來探討研究數學。這些探索包含了我們所謂的「代數」，也包含幾何圖形的性質。

西元前十三世紀的古埃及系統，使用象形符號來表示十進位制（以 10 為基數）。特別的是，埃及人發展出一套系統來處理分數，但今日的小數記則是出自巴比倫人，之後由印度人加以精進。它的優點在於既可以表示很小的數、也可以表示很大的數。光是使用印度阿拉伯數字 1、2、3、4、5、6、7、8 和 9，就可以輕鬆地進行計算。為了了解這點，我們先來看看羅馬系統。這套系統可配合羅馬人的需求，但只有專家才有能力用它來進行計算。

羅馬系統

羅馬人使用的基本符號是「十進」——I、X、C 和 M（個、十、百和千）與

西元前 30000	西元前 2000	西元 600
舊石器時代的歐洲人在骨頭上做數字標記	巴比倫人使用符號來表示數字	現代十進位制記號的前身在印度開始使用

其「半數」（V、L 和 D）。這些符號組合起來會形成其他的數字。曾有人提過，I、II、III 和 IIII 的使用是源自於我們手指的外形，V 是出自手勢，而將之倒轉並結合另一個 V 就形成 X，這樣得到的是兩隻手（十隻手指）。C 是來自於 *centum*，而 M 是來自於 *mille*，這兩個字分別是拉丁文中的「百」和「千」。羅馬人用 S 來代表「一半」及使用十二進位制的分數系統。

羅馬系統使用「在前和在後」的方法產生所需的符號，然而這種方法似乎沒有被一致採納。古羅馬人偏好寫 IIII，之後才引進 IV 這種寫法。IX 的組合似乎已被使用，但如果羅馬人寫出 SIX，他指的卻是 $8\frac{1}{2}$！在此列出羅馬系統的基本數字，以及中世紀時期附加的其他符號：

羅馬數字系統			
羅馬帝國時期		中世紀的附加號	
S	一半		
I	一		
V	五	$\overline{V}$	五千
X	十	$\overline{X}$	一萬
L	五十	$\overline{L}$	五萬
C	一百	$\overline{C}$	十萬
D	五百	$\overline{D}$	五十萬
M	一千	$\overline{M}$	一百萬

操作羅馬數字並不容易。例如，MMMCDXLIIII 的意義只有在心裡爲它加上括號時才變得清楚易懂，也就是 (MMM)(CD)(XL)(IIII)，讀作 3000 + 400 + 40 + 4 = 3444。但請你試著做做加法：MMMCDXLIIII + CCCXCIIII。技術純熟的羅馬人有自己的竅門和捷徑，但是對我們來說，如果不先以十進位系統計算、再將答案轉譯回羅馬記號，我們就很難得出正確的解答。

加法

3444	→	MMMCDXLIIII
+ 394	→	CCCXCIIII
= 3838	→	MMMDCCCXXXVIII

兩數相乘更困難，在基本系統裡或許根本不可能做到，就算是羅馬人也要舉雙手投降！進行 3444×394 這個乘法，我們還需要中世紀的附加號。

乘法

3444	→	MMMCDXLIIII
× 394	→	CCCXCIIII
= 1356936	→	$\overline{M}\,\overline{C}\,\overline{C}\,\overline{C}\,\overline{L}\,\overline{V}$MCMXXXVI

路易 XIIII 時鐘

羅馬人沒有特別用來表示零的符號。如果你在羅馬要求吃素的公民記錄他那天喝了多少瓶酒，他可能會寫下 III，但如果你要求他記錄自己吃了多少雞肉，他無法寫出 0。羅馬系統的殘存痕跡還留在某些書籍（不過本書沒有）的頁碼以及建築物的基石。有些結構羅馬人從來不曾使用，像是以 MCM 代表 1900，不過現代卻因為文體風格的理由而採用。當時的羅馬人會寫出 MDCCCC。法國的第十四代國王路易，也就是現代舉世皆知的路易 XIV（路易十四），其實比較喜歡被稱作路易 XIIII，而且還規定他的時鐘要以 IIII 來顯示四點。

十進位制的整數

我們會很自然地將「數字」跟十進位制的數字當成同一件事。十進位系統是以十為基準，使用的數字是 0、1、2、3、4、5、6、7、8 和 9。實際上它根據的是「十進位」和「個位」，但個位可以被「以 10 為基數」併入。當我們寫下數字 **394** 的時候，我們可以說它的組成是 3 個百、9 個十和 4 個個位，由此說明它的十進位制意義，寫法可以是：

$$394 = 3 \times 100 + 9 \times 10 + 4 \times 1$$

若是用10的「冪」（也就是我們已知的「指數」或「次方」），則可以寫成：

$$394 = 3 \times 10^2 + 9 \times 10^1 + 4 \times 10^0$$

其中的 $10^2 = 10 \times 10$、$10^1 = 10$，而我們另外同意 $10^0 = 1$。在這樣的式子中，我們能更清楚地了解每天使用的十進位數字系統的基礎為何，而這個系統讓加法和乘法都變得非常易懂。

十進位制的小數點

到目前為止，我們已經探討該如何表示一個數。但十進位系統是否能處理一個數的某部分呢，像是 $\frac{572}{1000}$？

這個數的意義是：

$$\frac{572}{1000} = \frac{5}{10} + \frac{7}{100} + \frac{2}{1000}$$

我們可以將 10、100、1000 的「倒數」視為 10 的負冪，因此得到：

$$\frac{572}{1000} = 5 \times 10^{-1} + 7 \times 10^{-2} + 2 \times 10^{-3}$$

它也可以寫成 **.572**，其中的小數點為 10 的負冪之起點。如果我們將這個小數加到 394 上，會得到十進位制展開的數字 $394\frac{572}{1000}$，或簡單寫成 394.572。

若用十進位制來表示相當大的數字，可能會非常地長，因此我們將這種情況還原成「科學記號」。舉例來說，可以將 1356936892 寫成 1.356936892×10^9，通常在電腦或計算機上會顯示成「1.356936856×10E9」。此處的次方是 9，比數字本身的數碼少一位，字母 E 則代表「指數（exponential）」。有時，我們還是會想用比較大的數字，像是如果我們談論已知宇宙中的氫原子數量，測量的結果大約是 1.7×10^{77}。相同的，有負冪的 1.7×10^{-77} 是非常小的數字，也可以簡單地用科學記號處理。我們要是用羅馬符號思考，應該就不可能想到這些數字。

2 的次方 （冪）	十進位制
2^0	1
2^1	2
2^2	4
2^3	8
2^4	16
2^5	32
2^6	64
2^7	128
2^8	256
2^9	512
2^{10}	1024

0 和 1

雖然在我們日常生活中最為通用的是以 10 為基數，但有些應用則需要其他基數。二進位數字系統（binary number system）使用的是「以 2 為基數」，功能強大的現代電腦便是以此發展出來。二進位之美在於任何數字都可以只用 0 和 1 這兩個符號表示。但這樣簡單的表達方式，換來的是有可能相當長的數字式子。

我們該如何用二進位記號來表示 **394** 呢？這時我們處理的是 2 的次方，經過一番努力之後，我們得到的完整式子為：

$$394 = 1 \times 256 + 1 \times 128 + 0 \times 64 + 0 \times 32 + 0 \times 16 + 1 \times 8 + 0 \times 4 + 1 \times 2 + 0 \times 1$$

因此，若用二進位的 0 和 1 來讀 394，會得出 **110001010**。

由於二進位的式子可能非常地長，所以在計算中也常常出現其他基數。像是有八進位制（octal system）（以 8 為基數）和十六進位制（hexadecimal system）（以 16 為基數）。在八進位的系統裡，我們只需要 0、1、2、3、4、5、6、7 這些符號，不過到了十六進位的系統裡，就要使用十六個符號。在這個以 16 為基數的系統裡，我們通常使用的是 0、1、2、3、4、5、6、7、8、9、A、B、C、D、E、F。因為 10 對應的是字母 A，所以數字 394 用十六進位制來表示會得到 18A。這就像 ABC 一樣簡單，請記得 ABC 在十進位制中其實是 2748！

重點概念

把數字寫下來就能看出數的序列

03 分數

就文字本身來看，分數（fraction）就是「分裂的數字」。如果我們想把一個整數破壞，最適當的作法就是利用分數。讓我們來看看這最傳統的例子：有一個生日蛋糕，我們把它分成三等份。

在這三份蛋糕中拿到兩份的那個人，得到的分數就等於 $\frac{2}{3}$。沒那麼好運的人，得到的只有 $\frac{1}{3}$。我們把這兩部分的蛋糕重新組合起來，會得到完整的一個蛋糕，若以分數表示，則是 $\frac{2}{3} + \frac{1}{3} = 1$，其中 1 代表整個蛋糕。

在此還有另一個例子。你可能曾在大拍賣的時候，看到廣告寫著襯衫的價格是原價的五分之四，這裡的分數是寫成 $\frac{4}{5}$。我們也可以說，這件襯衫的售價比原價少了五分之一，寫法是 $\frac{1}{5}$。由此我們了解 $\frac{4}{5} + \frac{1}{5} = 1$，而 1 代表襯衫的原價。

分數的形式永遠都是一個整數在另一個整數「上面」。底下的數字叫做「分母（denominator）」，它讓我們知道這一整個是由幾個部分組成。上面的數字叫做「分子（numerator）」，我們由此得知這裡有多少份。因此，分數的表示永遠都看來像是這樣：

$$\frac{numerator}{denominator}$$

在蛋糕的例子中，你可能想吃的部分是 $\frac{2}{3}$，其中分母是 3、分子是 2。$\frac{2}{3}$ 是由 2 個 $\frac{1}{3}$ 的單位分數組成。

我們也可以有像是 $\frac{14}{5}$ 這種分數（稱為「假」分數），其中的分子比分母還

大事紀

西元前 1800	西元前 1650	西元 100
分數在巴比倫文化中開始使用	古埃及人利用單位分數	中國人發明一種使用分數的計算系統

大。14 除以 5 會得到 2、還剩下 4，我們也可以把它寫成「帶」分數 $2\frac{4}{5}$，這個組合包含整數 2 和「真」分數 $\frac{4}{5}$。早期有些人把它寫成 $\frac{4}{5}2$。分數呈現的形式，通常是沒有公因數的分子和分母（「上」和「下」）。

例如，$\frac{8}{10}$ 的分子和分母有公因數 2，因為 8 = 2×4 且 10 = 2×5。如果把這個分數寫成 $\frac{8}{10}=\frac{2\times4}{2\times5}$，我們可把分子分母的 2 同時「消去」，因此 $\frac{8}{10}=\frac{4}{5}$，得到一個等值、但比較簡單的形式。數學家把分數稱為「有理數（rational number）」，因為他們是兩個數字的比率（ratio）。有理數是希臘人可以「測量」的數字。

加法和乘法

分數有一點相當古怪，那就是乘法比加法容易。整數的乘法十分棘手，所以需要發明巧妙的方法來解決。分數就不一樣了，它的加法比較困難，得多花點心思。

那我們就先從乘法開始。如果你買了一件在打折的襯衫，原價 1500 元、售價為其五分之四的襯衫，最後你付的錢會是 1200 元。我們先把 1500 分成五等份、每份 300，然後五份中的四份是 4×300 = 1200，也就是你買這件襯衫所付的總價。

後來，店家的經理發現襯衫的銷路不佳，所以又把價格再往下降，調到先前售價的 $\frac{1}{2}$。如果你現在才去店裡，只要花 600 元就可以買到這件襯衫。算法是 $\frac{1}{2}\times\frac{4}{5}\times1500$，結果等於 600。兩個分數相乘，你只需要分別將分母乘以分母、分子乘以分子：

$$\frac{1}{2}\times\frac{4}{5}=\frac{1\times4}{2\times5}=\frac{4}{10}$$

如果經理把兩次降價一次寫出，這件襯衫的廣告宣傳就會是原價 1500 元的十分之四，也就是 $\frac{4}{10}\times1500$ 等於 600 元。

兩個分數相加，那就完全不同了。$\frac{1}{3}+\frac{2}{3}$ 這種加法沒什麼問題，因為他們的分母相同。我們只要把分子加在一起，就得到 $\frac{3}{3}$ 或是 1。但我們要怎麼把三分

西元 1202	西元 1585	西元 1700
比薩的列奧納多（斐波那契）讓分數的橫條記號變得普及	西蒙・斯蒂文（Simon Stevin）提出十進位制分數（亦即小數）的理論	分數線「—」被普遍使用（如 $\frac{a}{b}$）

之二的蛋糕和五分之四的蛋糕加在一起呢？我們該如何算出 $\frac{2}{3} + \frac{4}{5}$ 呢？要是我們可以直接說 $\frac{2}{3} + \frac{4}{5} = \frac{2+4}{3+5} = \frac{6}{8}$ 那就好了，但可惜不能這樣。

分數相加需要不同的方法。若要把 $\frac{2}{3}$ 和 $\frac{4}{5}$ 相加，我們必須先把他們表示成分母相同的分數。

第一步先把 $\frac{2}{3}$ 的上下都乘以 5，得到 $\frac{10}{15}$。接著再把 $\frac{4}{5}$ 的上下都乘以 3，得到 $\frac{12}{15}$。現在，這兩個分數有了共同的分母 15，因而兩數相加只需要把兩個新的分子加在一起：

$$\frac{2}{3} + \frac{4}{5} = \frac{10}{15} + \frac{12}{15} = \frac{22}{15}$$

轉成小數

在科學的世界以及數學的多數應用當中，比較偏好用小數來表達分數。分數 $\frac{4}{5}$ 等同於分母是 10 的分數 $\frac{8}{10}$，我們可以將之寫成小數 0.8。

分母是 5 或 10 的分數，很容易就轉成小數。但我們該如何將 $\frac{7}{8}$ 這樣的分數轉換成小數呢？我們需要知道的只有當一個整數除以另一個整數時，要不是整除、不然就是得到某個倍數和剩下的數，我們把這剩下的數稱做「餘數（remainder）」。

以 $\frac{7}{8}$ 為例，把分數轉換成小數的步驟如下：

- 試著將 7 除以 8，會無法除，或者你可以說會得到倍數為 0、餘數為 7。我們將此結果記成 0 後面跟著一個小數點：「0.」；
- 現在將 70（前一步驟的餘數乘以 10）除以 8，得到 8 倍（由於 8×8 = 64），所以答案是 8、餘數為 6（70 − 64）。順著第一步驟，我們得到了「0.8」；
- 現在將 60（前一步驟的餘數乘以 10）除以 8。因為 7×8 = 56，所以答案是 7、餘數是 4。接續前一步驟寫下數字，到目前為止我們得到的是「0.87」；
- 現在將 40（前一步驟的餘數乘以 10）除以 8。答案是 5，剛好整除，沒有餘數。當我們得到餘數為 0 的時候，步驟就此結束。我們完成了，最終的答案是「0.875」。

當這個轉換步驟應用到其他的分數時，我們有可能永遠無法完結！我們得一直、一直地進行下去；舉例來說，如果我們試圖將 $\frac{2}{3}$ 轉成小數，我們會發現每個

階段的結果都是 20 除以 3 等於 6 和餘數 2。因此，我們必須再次進行 20 除以 3，而答案永遠都不會出現餘數為 0。這種情況會出現無限的小數 0.666666……，我們稱之為「循環小數」。

有許多分數像是這樣，讓我們做個沒完沒了。分數 $\frac{5}{7}$ 很有趣，我們從這個分數會得到 $\frac{5}{7}$ = 0.714285714285714285……，我們看到 714285 這個數列（sequence）一直重複出現。如果任何分數轉換小數的結果有重複的數列，我們就無法把它寫成有限小數，而「點」記號在這裡受到重用。以 $\frac{5}{7}$ 為例，我們可以寫成 $\frac{5}{7} = \overset{\bullet\bullet\bullet\bullet\bullet\bullet}{714285}$。

古埃及的分數

西元前兩千年，古埃及人已經有分數系統，他們是以象形符號表示的單位分數（unit fraction）為基礎，這些單位分數的分子都是 1。我們是從《萊因德紙草書（Rhind Papyrus）》得知這個系統，這份資料目前保存在英國的大英博物館裡。這是個相當複雜的分數系統，唯有受過訓練知道如何使用的人，才能了解其中的奧秘和進行正確的計算。

埃及人使用少數的特許分數，像是 $\frac{2}{3}$，但其他的分數全都根據單位分數，例如 $\frac{1}{2}$、$\frac{1}{3}$、$\frac{1}{11}$ 或 $\frac{1}{168}$ 來表示。這些是他們的「基本分數」，可以用來表示其他所有的分數。例如 $\frac{5}{7}$ 不是單位分數，但可以根據單位分數寫成：

$$\frac{5}{7} = \frac{1}{3} + \frac{1}{4} + \frac{1}{8} + \frac{1}{168}$$

在此必須用到不同的單位分數。這個系統的特色是，寫出一個分數的方法可能不只一種，而有些方法比其他的式子短。例如：

$$\frac{5}{7} = \frac{1}{2} + \frac{1}{7} + \frac{1}{14}$$

這種「古埃及展開式」或許不太實用，但這個系統啟發了許多世代的理論數學家，並且提供了許多深具挑戰的問題，有些問題直到今日都還沒有解決。例如：找出最短古埃及展開式的完整分析方法，都還等著勇敢的數學家繼續探索。

古埃及的分數

重點概念
分數就是一個數在另一個數上面

04 平方與平方根

如果你喜歡用點畫方形，你的思考模式就跟信奉畢達哥拉斯的人很像。追隨領導者畢達哥拉斯（Pythagoras）的同行們，都相當重視這項活動，而畢達哥拉斯最為人所熟知的是他提出的「同名定理」。他出生在希臘的薩摩斯島（Samos），但他所屬的秘密宗教社團則是在義大利的南方興盛發展。畢達哥拉斯學派的人相信，數學是通往宇宙本質的關鍵。

數數看這些點，我們會看到最左邊的「正方形」是由一個點組成。畢達哥拉斯學派認為 1 是最重要的數字，我們從這裡有了一個很好的開始。繼續數接下來構成方形的點點數量，我們得到構成這些「正方形」的點數量是 1、4、9、16、25、36、49、64、……。這些是所謂的「完全」平方。你在其中一個正方形的 ⌐ 形狀外再加一層點點，就可以計算出下一個方形的點數，例如 9 + 7 = 16。畢達哥拉斯學派思考的並不僅止於正方形。他們也思考其他形狀，像是三角形、五邊形（有五個邊的圖形）和其他的多邊形。

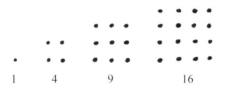

1   4   9   16

三角形的數量可以類比作一堆石頭。我們數過這些點後會得到 1、3、6、10、15、21、28、36、……。如果你想計算三角形數，你可以在前一個三角形的底下再加上一排。例如：10 的下一個三角形數為何？加在最底下那排的點數是 5，所以我們只要做 10 + 5 = 15。

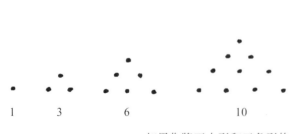

1   3   6   10

如果你將正方形和三角形的點點數作比較，你會發現兩邊都出現數字 36。但還有另一個更引人注目的關聯。如果你把連續兩個三角形數加在一起，會得到什麼呢？讓我們試做看看，結果寫在下表中。

大事紀

西元前 1750
巴比倫人編制了平方根表

西元前 525
畢達哥拉斯學派研究幾何排列的平方數

西元前 300
歐多克索斯（Eudoxus）提出的無理數理論發表在歐幾里得的《幾何原本》（Elements）第五卷

沒錯！當你把連續的兩個三角形數加在一起時，你會得到一個平方數（square number）。你也可以把它看成是「無字證明（proof without words）」，僅用圖像無需文字解釋就能不證自明的數學題）。想想由四排、每排四點組成的正方形，從中畫一條對角線穿過它。這條線上的點（如下圖所示）形成一個三角形數，而下方的點形成另一個三角形數。任何大小的正方形都可以得到這項觀察結果。從「點圖」到測量面積之間，我們只差一步之遙。邊為 4 的正方形面積是 $4 \times 4 = 4^2 = 16$ 平方單位。一般而言，如果邊長為 x，那麼面積就是 x^2。

x^2 是拋物線形狀的基礎。你可以從衛星接收器或車頭燈的反射鏡看到這種形狀。拋物線有一個焦點。接收器的感應器就設在焦點，以此接收從空間傳來的平行電波撞擊到弧形盤後反彈向焦點的反射信號。

位在焦點的車頭燈燈泡，則是向外發出平行光束。在運動項目中，鉛球選手、標槍選手和鏈球選手都清楚知道，拋物線是所有物體在掉落到地面的過程中、沿途經過的弧形路徑。

平方根

如果我們把問題調個頭，變成想找出面積為 16 的正方形邊長為何，答案顯然是 4。16 的平方根是 4，寫法是 $\sqrt{16} = 4$。用來表示平方根（square root）的符號 $\sqrt{\ }$，是從十六世紀開始使用。所有平方數的平方根都剛好是整數。例如 $\sqrt{1} = 1$、$\sqrt{4} = 2$、$\sqrt{9} = 3$、$\sqrt{16} = 4$、$\sqrt{25} = 5$ 等等。不過在數線上，這些完全平方數之間跳過許多數字，像是 2、3、5、6、7、8、10、11、……。

另外還有一種很棒的記號，可以用來表示平方根。就像 x^2 代表平方數一樣，我們也可以把平方根寫成 $x^{\frac{1}{2}}$，這樣就跟兩數相乘等於指數相加的設計一致。這是對數的基礎，大約十六世紀，我們得知乘法的問題可以變

連續兩個三角形數相加	
1 + 3	4
3 + 6	9
6 + 10	16
10 + 15	25
15 + 21	36
21 + 28	49
28 + 36	64

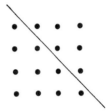

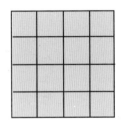

西元 630
婆羅摩笈多提出計算平方根的方法

西元 1550
引用符號 $\sqrt{\ }$ 來表示平方根

西元 1872
戴德金（Richard Dedekind）提出無理數的理論

成加法問題後便發明了對數。

　　不過，這又是另外一個故事。所有的數字都有平方根，但他們不一定等於整數。幾乎所有的計算機都有個 $\sqrt{}$ 按鍵，我們可用它來開根號，例如 $\sqrt{7}$ = 2.645751311。

　　現在我們來看一看 $\sqrt{2}$。在畢達哥拉斯學派中，數字 2 有特殊的重要性，因為它是第一個偶數（希臘人認為偶數是陰性、奇數是陽性，而小的數字有自己的鮮明個性）。如果你用計算機計算 $\sqrt{2}$，你會得到 1.414213562（假設你的計算機只能顯示這麼多小數位）。這個數是 2 的平方根嗎？若要檢查這點，我們可以計算 1.414213562×1.414213562，結果是 1.999999999。這個值並不真正的是 2，所以 1.414213562 只是 2 平方根的近似值。

　　或許最值得注意的是，我們永遠都只會得到近似值！就算將 $\sqrt{2}$ 的小數擴展到第一百萬位，還是只得到近似值。數字 $\sqrt{2}$ 在數學裡的重要性，程度或許不會比 π 和 e（參見第五章第六章）還要高，但也重要到足以擁有自己的名字，有時我們稱之為「畢達哥拉數（Pythagorean number）」。

平方根是分數嗎？

　　平方根是不是分數，這樣的問題可以連結到古希臘人的測量理論。假設我們想測量一條數線 AB，而我們用不可分割「單位」CD 來加以測量。進行測量的時候，我們將單位 CD 沿著 AB 一段接一段地放。如果我們放了 m 次，而且最後一個單位的尾端剛好對齊 AB 的尾端（位在 B 點），那麼 AB 的長度就是 m。如果沒有剛好對齊，我們可以複製一段 AB 接在原來的 AB 後方，繼續測量（參見下圖）。希臘人相信，使用 n 段 AB 和 m 個單位，最後一個單位的尾端和第 n 段 AB 的尾端會在某點剛好對齊。這樣一來，AB 的長度就是 $\frac{m}{n}$。舉例來說，如果把 3 段 AB 接在一起，長度剛好跟 29 個單位長相等，那 AB 的長度就是 $\frac{29}{3}$。

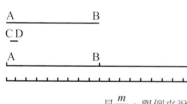

　　希臘人也考慮如何測量三角形的 AB 邊（斜邊）長，其中三角形的另外兩邊為 1「單位」長。根據畢達哥拉斯定理（畢氏定理）（Pythagoras's theorem），AB 的長度可以用符號寫成 $\sqrt{2}$，那問題就變成是否 $\sqrt{2} = \frac{m}{n}$？

　　我們從計算機已經看到，$\sqrt{2}$ 的小數可能是無限的，而這個事實（小數沒有盡頭）或許就指出 $\sqrt{2}$ 不是分數。

然而小數 0.3333333……也沒有盡頭，卻可以用分數 $\frac{1}{3}$ 來表示。因此，我們需要更有力的論證。

$\sqrt{2}$是分數嗎？

這個問題讓我們看到數學中最著名的證明之一，它依循的是希臘人喜愛的證明類型：歸謬法（*reductio ad absurdum*）。首先，假設 $\sqrt{2}$ 不可能同時是「分數」且「不是分數」。這是所謂「排中（excluded middle）」的邏輯定律，在這樣的邏輯推理中，沒有中間的狀況。希臘人的證明實在是太巧妙了。他們假設 $\sqrt{2}$ 為分數，藉由逐步的嚴格推演導出矛盾的結果，也就是「謬誤」。讓我們來做做這個證明。假設：

$$\sqrt{2} = \frac{m}{n}$$

我們也可以再多假設一點。我們可以假設 m 和 n 沒有公因數。這點沒有問題，因為如果他們真的有公因數，我們可以在開始前就先消去。（例如，分數 $\frac{21}{25}$ 在消去公因數 7 之後等於 $\frac{3}{5}$。）

我們可以把等式 $\sqrt{2} = \frac{m}{n}$ 的兩邊同時平方，得到 $2 = \frac{m^2}{n^2}$，因此 $m^2 = 2n^2$。由此觀察到的第一點是：既然 m^2 是某數的 2 倍，那它一定是個偶數。然後 m 本身不可能為奇數（因為任何奇數的平方都是奇數），所以 m 也是個偶數。

到目前為止的邏輯推理，應該是無懈可擊。既然 m 是偶數，那麼它一定是某數的兩倍，我們可以寫成 $m = 2k$。兩邊同時平方得到 $m^2 = 4k^2$，將之代入 $m^2 = 2n^2$，我們得到 $2n^2 = 4k^2$，兩邊同時消去 2 後得到 $n^2 = 2k^2$。前面就出現過這樣的結果呀！因此跟前面一樣，我們的結論是 n^2 是偶數而且 n 本身也是偶數。我們從嚴格的邏輯推演導出 m 和 n 都是偶數，所以他們有公因數為 2。這點跟我們假設的「m 和 n 沒有公因數」互相矛盾，因此結論是 $\sqrt{2}$ 不可能為分數。

這個方式也可以證明整個數列開根號：$\sqrt{n}$（除了 n 等於完全平方）都不可能是分數。無法用分數表示的數字被稱為「無理數（irrational numbers）」，由此我們觀察到無理數的數量有無限多個。

重點概念
平方與平方根結束，我們接著朝無理數邁進吧！

05 π

π 是數學中最著名的數字。就算你記不得自然界的其他所有常數，π 也永遠都出現在第一名的位置。如果數字界有頒發奧斯卡獎，那麼 π 一定會年年得獎。

π 或 pi，是圓的外圍長度（圓周）除以穿過圓心且其兩端皆在圓上的線段長度（直徑）的值。這兩個長度的比值，跟圓的大小無關。無論這個圓是大、是小，π 都確實是個數學常數。圓是 π 的自然棲地，但你在數學裡到處都看得到它，就連跟圓沒什麼關係的地方都有。

敘拉古城的阿基米德

古時候的人就已經對圓周長與直徑的比率很感興趣。大約在西元前 2000 年，巴比倫人觀察到圓周的長度大約是直徑的 3 倍。

在西元前 250 年左右，敘拉古城（Syracuse）的阿基米德（Archimedes）真正開啟了 π 的數學理論。阿基米德是世界上最偉大的人物之一。數學家熱愛評價自己的同好，他們將阿基米德的成就與「數學王子」卡爾・弗里德里希・高斯（Carl Friedrich Gauss）和艾薩克・牛頓爵士（Sir Isaac Newton）並列。無論這種評價的真相為何，但顯然阿基米德絕對可以名列任何一處的數學名人堂。此外，他並沒有活在象牙塔裡，天文、數學、物理學的領域也都看得到他的貢獻，而且他還設計了戰爭用的武器，像是投石機、槓桿和「火焰鏡」，這些全都曾被用來抵禦羅馬人的入侵。然而，大家也都公認他確實是個有點少根筋的教授，不然就不會在發現流體力學的浮力定律時，光著身體就跳出浴缸、跑到街上大喊著「我發現了！」至於他如何慶祝關於 π 的研究，歷史上就沒有記載。

直徑為 d、半徑為 r 的圓形：

圓周 $= \pi d = 2\pi r$

面積 $= \pi r^2$

直徑為 d、半徑為 r 的球形：

表面積 $= \pi d^2 = 4\pi r^2$

體積 $= \dfrac{4}{3}\pi r^3$

大事紀

西元前 2000	西元前 250	西元 1706
巴比倫人觀察到 π 大約等於 3	阿基米德提出 π 的近似值為 $\dfrac{22}{7}$	威廉・瓊斯引入 π 這個符號

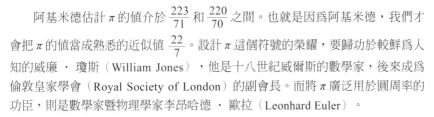

假設 π 的定義是圓的周長對直徑的比率，那麼該怎麼用它來算圓的面積呢？透過演繹法，得到半徑為 r 的圓面積是 πr²，不過這點大概比用 圓周/直徑 來定義 π 更為人所知。π 與圓的面積和周長都有相關，這件事相當值得注意。

一個圓可以被切分成幾個相等的狹小三角形，這些三角形的底邊為 b，高則大約等於圓的半徑 r。圓裡的這個多邊形，面積就跟圓的面積差不多相等。我們一開始先從 1000 個三角形開始。這整個過程都是在操作近似值。我們可以將鄰近的一對三角組合成一個（近似的）矩形，而它的面積為 b×r，因此整個多邊形的面積就是 500×b×r。因為 500×b 大約是圓周的一半，而圓周的長度為 πr，所以多邊形的面積等於 πr×r = πr²。切分的三角形數量越多，我們就得到越接近的近似值，在極限的情況下，我們推論圓的面積為 πr²。

阿基米德估計 π 的值介於 $\frac{223}{71}$ 和 $\frac{220}{70}$ 之間。也就是因為阿基米德，我們才會把 π 的值當成熟悉的近似值 $\frac{22}{7}$。設計 π 這個符號的榮耀，要歸功於較鮮為人知的威廉 · 瓊斯（William Jones），他是十八世紀威爾斯的數學家，後來成為倫敦皇家學會（Royal Society of London）的副會長。而將 π 廣泛用於圓周率的功臣，則是數學家暨物理學家李昂哈德 · 歐拉（Leonhard Euler）。

π 的精確值

我們永遠都無法知道 π 的精確值，因為 π 是個無理數，朗伯（Johann Lambert）在 1768 年已經證明這點。它的小數位可以無限擴展，而且沒有可預測的規則。前二十個小數位是 3.14159265358979323846⋯⋯。中國數學家使用 $\sqrt{10}$ 的值為 3.16227766016837933199，這個數值在西元 500 年左右被婆羅摩笈多採用。事實上，這個值沒有比 3 的約略值好多少，因為它從小數第二位就跟 π 不同。

π 可以從計算級數（series）得來。其中著名的數列是：

$$\frac{\pi}{4} = 1 - \frac{1}{3} + \frac{1}{5} - \frac{1}{7} + \frac{1}{9} - \frac{1}{11} + \cdots$$

不過收斂到 π 的過程既艱辛又緩慢，而且以計算來說幾乎是行不通的。

歐拉找到一個可收斂到 π 的厲害數列：

$$\frac{\pi^2}{6} = 1 + \frac{1}{2^2} + \frac{1}{3^2} + \frac{1}{4^2} + \frac{1}{5^2} + \frac{1}{6^2} + \cdots$$

而自學的奇才拉馬努金（Srinivasa Ramanujan）則為 π 設計出一個非常驚人的近似方程式。這個只用到根號 2 的公式為：

$$\frac{9801}{4412}\sqrt{2} = 3.14159273001330566603139961890\cdots$$

數學家都被 π 深深吸引。雖然朗伯已經證明 π 不是分數，但是在 1882 年，德國的數學家費迪南德・馮・林德曼（Ferdinand von Lindemann）解出跟 π 有關最重要的問題。他證明 π 是「超越的」，也就是說，π 不可能是代數方程式（只涉及 x 次方的等式）的解。林德曼藉由解開這「多年的謎團」，推斷出「化圓為方（squaring the circle）」問題的結論。這個艱鉅的問題是，有一特定的圓，該如何只用圓規和直尺畫出面積跟這個圓一樣的方形？林德曼確實證明了不可能做到這點。現今，化圓為方這個成語就等同於不可能的事。

π 值的實際計算，快速地持續發展。在 1853 年，威廉・尚克斯（William Shanks）主張他算到小數 607 位的正確值（事實上只正確到 527 位）。到了現今時代，電腦的出現，成了計算 π 越來越多小數位的動力。在 1949 年，π 已經計算到 2037 小數位，這是用 ENIAC 電腦（Electronic Numerical Integrator and Computer，世界第一台電腦）花了 70 個小時做出來的。到了 2002 年，π 已經被算到難以置信的 1241100000000 位，然而這一長串數字仍看不到盡頭。如果我們站在赤道上，開始寫下 π 的展開式，尚克斯的計算會整整占掉 14 公尺，而 2002 年的展開長度則會繞地球 62 圈左右！

自古以來，已經不斷問了各種關於 π 的問題並加以解答。π 的數字是隨機的嗎？是否有可能在展開式裡找到一段有序的數列？如數列 0123456789？這種問題，在一九五○年代似乎是不可知的。沒有人在 π 已知的 2000 小數位中，找到像這樣的數列。荷蘭的數學權威布勞威爾（L. E. J. Brouwer）認為這個問題沒有什麼意義，因為他相信不可能出現。事實上，在 1997 年找到了這些數字，他們是從 17387594880 位開始，若用剛剛的赤道比喻來說，這個位置還差 3000 英里（約 4828 公里）就繞完一圈地球。在你走完 600 英里（約 966 公里）之前，你會找到連續的十個 6，但必須等到走完一圈、然後再多走 3600 英里（約 5794 公里），才找得到連續的十個 7。

詩中的 π

如果你真的想記住 π 的展開式的前幾個值,或許這短短的詩句會有所幫助。邁可 · 基斯(Michael Keith)採行數學教學的傳統「記憶法」,將愛倫 · 坡(Edgar Allan Poe)的詩作「烏鴉(*The Raven*)」做了出色的改編。

愛倫 · 坡的原詩開頭

The Raven - E. A. Poe

Once upon a midnight dreary, while I pondered weak and weary,

Over many a quaint and curious volume of forgotten lore,

烏鴉——愛倫 · 坡

從前某個寂寥午夜,我盧弱且又疲憊地沈思著,

那許許多多古怪離奇、被人遺忘的學識傳說,

基斯為 π 改編的詩作開頭

Poe, E. - Near A Raven

Midnights so dreary, tired and weary.

Silently pondering volumes extolling all by now obsolete lore.

基斯——改編自「烏鴉」

午夜如此地寂寥、疲憊與煩厭,

安靜地沈思著許多美妙而現今全都已成過去的學識傳說。

在基斯版的詩中,各單字的字母數依序表示 π 的前 740 位。

π 的重要性

知道 π 的小數點後這麼多位到底有什麼用處呢?畢竟,多數的計算只需要小數點後的少數幾位;任一個實際應用所需的小數點大概不超過十位,而阿基米德的近似值 $\frac{22}{7}$,對於多數應用而言都已經足夠。然而,大規模的計算不只是為了好玩。除了讓那些自稱為「π 之友」的數學家們深深著迷,這種計算還可以用來測試電腦的極限。

或許在關於 π 的故事中,最莫名其妙的一段是美國的印第安納州參眾議會通過一個法案來固定 π 的值。這件事發生在十九世紀末,當時有位名叫古德溫(E. J. Goodwin)的醫生提出一個法案,想讓 π 變得「容易了解」。這條法規遇到的實際問題是,提案人沒有能力固定他想要的值。幸好,印第安納州在法案被認可之前,就意識到關於 π 的這條法有多麼荒誕。從那天起,政客就不再插手干預 π。

重點概念

接下來要介紹的是 π 之後的重要數 *e*

06 e

相較於它的唯一對手 π，e 可算是個後起之秀。雖然 π 比較令人敬畏，而且有可溯及巴比倫時代的偉大過往，但是 e 並沒有被那麼難纏的歷史拖累。常數 e 既年輕又充滿活力，每次只要一提到「成長」，就一定會看到它的蹤影。無論是人口、金錢或其他的物理量，絕對都不會漏掉 e。

　　e 是一個近似值為 2.71828 的數字。究竟它為什麼這麼地特別呢？這不是隨機亂選的數字，而是最偉大的數學常數之一。十七世紀初期開始出現 e 的蹤跡，當時有幾個數學家正致力於釐清「對數」的概念，而對數這傑出的發明，讓大數的乘法可以轉換成加法。

　　然而，故事真正的開端始於十七世紀的電子商務。雅各布・白努利（Jacob Bernoulli）是瑞士著名的白努利家族成員之一，這個家族培養了許多的世界級數學家。雅各布在 1683 年開始研究複利的問題。

錢、錢、錢

　　假設我們考慮以一年為期，利率是 100%，而最初的存款（稱為「本金」）為 1 元。當然，我們不太可能有 100% 的利息，這個數字只是為了配合我們的計算目的，相同的概念可以改寫成比較實際的利率，像是 6% 和 7%。同樣地，如果我們的本金比較高，例如 10000 元，只要把我們做的每個動作乘上 10000 就好。

　　用 100% 的利率計算，到了年底，我們的本金還在，而獲得的利息總額也是 1 元。因此，我們此刻的錢應該到達 2 元。現在，我們假設利率是原來的一半（50%），不過每半年計算一次。前半年我們得到的利息是 0.5 元，並且在前半年結束的時候，我們的本金已經成長到 1.5 元。因此到了這一年的年底，我們的總額是 1.5 元再加上這個金額的利息 0.75 元。

大事紀

西元 1618	西元 1727	西元 1748
約翰・納皮爾（John Napier）遇上跟對數有關的常數 e	歐拉在對數理論中使用 e 這個記號；有時也稱之為歐拉數	歐拉將 e 算出小數點後 23 位；另外有個功勞是，他在這個時期左右，發現著名的公式 $e^{i\pi} + 1 = 0$

我們原本的 1 元，到了年底已經成長到 2.25 元！藉由每半年計算的複利，我們額外得到了 0.25 元。或許這看起來沒多少錢，但如果我們投資的金額是 10000 元，最後得到的利息是 2250 元、而不是 2000 元。藉由每半年計算的複利，我們額外獲得了 250 元。

但如果每半年計算的複利代表著我們的存款增加，那我們欠銀行的任何一分錢也會同樣增加，所以一定要十分小心！假設現在把一年分成四期、每期的利率是 25%，進行類似的計算後，我們發現原有的 1 已經成長到 2.44141 元。我們的錢在成長，因此如果我們能把一年切分，用比較低的利率在比較短的時間間隔計算複利，我們的 10000 元似乎更得利。

計算複利的單位	本利和
一年	200000 元
半年	225000 元
一季	244141 元
一個月	261304 元
一週	269260 元
一天	271457 元
一小時	271813 元
一分鐘	271828 元
一秒	271828 元

我們的錢會不會毫無限制地一直成長，讓我們變成超級大富翁呢？如果我們繼續把年切分成越來越小的單位，如下表所示，這個「極限過程」顯示總金額看起來逐漸定在一個常數。當然，實際的複利計算期最短只到每天（這也是銀行所用的）。我們從中得到的數學訊息是，這個極限（數學家稱之為 *e*）是用 1 元連續計算複利所得到的本利總額。這是好事還是壞事呢？你知道答案的：如果你在存錢，就會說是「好事」；如果你在欠錢，那就會是「壞事」。這是跟「*e* 的學問」有關的問題。

e 的精確值

e 跟 π 一樣是個無理數，因此也跟 π 一樣，我們無法得知它的精確值。*e* 到 20 個小數位的值是 2.71828182845904523536……。

若只使用分數，如果分子、分母都限制在兩位數，*e* 的最佳近似值是 $\frac{87}{32}$。奇怪的是，如果分子和分母都限制在三位數，那麼最佳的分數則是 $\frac{878}{323}$。第二個分數有點像是第一個分數的序列伸展 —— 數學家很習慣提出這類的小小驚喜。關於 *e* 的著名級數展開為

$$e = 1 + \frac{1}{1} + \frac{1}{2 \times 1} + \frac{1}{3 \times 2 \times 1} + \frac{1}{4 \times 3 \times 2 \times 1} + \frac{1}{5 \times 4 \times 3 \times 2 \times 1} + \cdots$$

其中的階乘，用驚嘆號來表示會更方便。舉例來說，5! = 5×4×3×2×1。利用這樣的記號，e 可以變成我們更熟悉的形式：

$$e = \frac{1}{1!} + \frac{1}{2!} + \frac{1}{3!} + \frac{1}{4!} + \frac{1}{5!} + \cdots$$

因此數字 e 確實有某種規律。e 的數學性質，看來好像比 π 更為「對稱」。

如果你想找個方法記住 e 的前幾位，可以試試這個：「We attempt a mnemonic to remember a strategy to memorize this count ……（我們試圖用一種記憶法來記住一個策略以背熟這個計數）」，每個單字的字母數依序代表 e 的各個數字。如果你了解美國歷史，那麼你可以將 e 記成：「2.7 安德魯 · 傑克森、安德魯 · 傑克森」，因為安德魯 · 傑克森（Andrew Jackson，綽號「老胡桃木」）是美國在 1828 年選出的第 7 任總統。還有許多類似的方法可記住 e，只不過這些方法的樂趣是在於他們的古怪有趣，卻沒有任何的數學益處。

李昂哈德 · 歐拉在 1737 年證明了 e 是無理數（不是分數）。在 1840 年，法國數學家約瑟夫 · 劉維爾（Joseph Liouville）證明 e 不是任何二次方程式的解，而他的同胞夏爾 · 埃爾米特（Charles Hermite）在 1873 年開創性的研究中證明，e 是個超越數（無法作為任何代數方程式的解）。此處的重點在於埃爾米特使用的方法。九年後，費迪南德 · 馮 · 林德曼改編埃爾米特的方法，證明了 π 也是個超越數，這個問題也因此更加備受矚目。

回答了一個問題，又冒出了新的問題。e 的 e 次方也是超越數嗎？雖然這是很古怪的想法，但這點至今尚未被精確證實，若以數學的嚴格標準來看，顯然它還只是個猜想。數學家對於證明這點只差一步之遙，他們已經證明了 e 的 e 次方和 e 的 e^2 次方不可能同為超越數。雖然證明已經相當接近，但還是不夠。

π 和 e 之間的關聯性相當迷人。e^π 和 π^e 的值很接近，但很容易證明（無需實際計算各自的值）$e^\pi > \pi^e$。如果你「作個弊」、用用你的計算機，你會看到 e^π 的近似值為 23.14069，而 π^e 的近似值為 22.45916。數字 e^π 被稱為格爾豐德常數（Gelfond's constant）〔以俄國數學家格爾豐德（Aleksandr Gelfond）命名〕，且已經被證明為超越數。相較之下，對於 π^e 就所知無多；時至今日還尚未證明它是無理數（假如它真的是）。

e 重要嗎？

e 的主戰場大多與成長相關。例如，經濟成長和人口成長往往使用 e 來表示

放射性衰退變的曲線。

　　數字 e 也會出現在跟成長無關的問題。皮耶 · 黑蒙 · 德蒙馬特（Pierre Rémond de Montmort）在十八世紀研究一個機率問題，而這個問題自此就一直被廣泛研究。問題的簡化版是：有一群人去吃午餐，吃完後隨機拿走他們的帽子。沒有人拿到自己的帽子的機率爲何？

　　可以證明這個機率是 $\frac{1}{e}$（約 37%），因此至少有一個人拿到自己的帽子的機率是 $1 - \frac{1}{e}$（63%），這是機率論的許多應用之一。而處理稀有事件的卜瓦松分布（Poisson distribution）則是另一個應用。這些是早期的例子；但絕不是唯一的例子：詹姆斯 · 斯特林（James Stirling）加入了 e（和 π），完成了重大的階乘值 n！的近似值計算；在統計中，常態分布的「鐘型曲線」也跟 e 有關；而在工程學中，吊橋的鋼索曲線也取決於 e。像這樣的例子，可說是列舉不完。

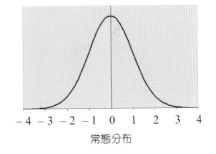
常態分布

驚人的特性

　　在數學界中，獲頒最傑出方程式獎的得主就有用到 e。當我們思考數學的著名數字時，我們想到的是 0、1、π、e 和虛數 $i = \sqrt{-1}$。下面這樣的式子有可能存在嗎？

$$e^{i\pi} + 1 = 0$$

　　確實有可能！得出這個結果的功臣是歐拉。

　　或許 e 眞正的重要性在於它的神秘，正因爲如此，歷代的數學家都對它深深著迷。總之，我們不能沒有 e。這就是爲什麼像作家 E. V. 萊特（E. V. Wright）要使出渾身解數，才寫得出沒有 e 的小說（或許他也有個筆名；因爲他的名字裡也有 e，因此若要全書無 e，連作者的名字都需要更改），而他的《蓋茲比》（Gadsby）就是本這樣的書。但實在很難想像有數學家眞的著手、有能力撰寫一本沒有 e 的教科書。

重點概念
e 是最自然的數

07 無限大

無限大有多大？簡短的回答是，∞（無限大的符號）就是非常大。想想有一條直線，沿線出現的數字越來越大，而這條線延展到「無限大之外」。對於線上的每一個巨大數字（例如 10^{1000}）來說，永遠都會有另一個更大的數字，像是 $10^{1000}+1$。

這是無限大的傳統概念，也就是數字沒有止境的前進。無論數學是以何種方式使用到無限大，但如果你把無限大視為普通數字就必須要小心了，因為它不是。

計數

德國數學家格奧爾格・康托爾（Georg Cantor）帶給我們一個完全不同的無限大概念。過程中，他獨自創造出一個理論，而這個理論驅動了許多的現代數學。康托爾的理論概念，必須依賴原始的計數想法，這個想法比我們日常生活使用的還要簡單。

想像一個完全不會用數字數數的農夫。他該如何知道自己擁有多少隻羊呢？很簡單，早上當他放羊的時候，只要在柵門口將每隻羊配對一塊石頭，傍晚比對羊群和石頭就可以知道他的羊有沒有全部回來。如果少了一隻羊，就會多出一塊石頭。就算沒有用到數字，農夫還是能非常精確地知道他的羊有沒有全部回來。他使用的是羊與石頭之間一對一對應（one-to-one correspondence）的概念。這種原始的概念會得出令人訝異的結果。

康托爾的理論內含集合（集合簡單說就是一群物體的聚集）。例如：N = { 1, 2, 3, 4, 5, 6, 7, 8, … } 代表的是一組（正）整數。我們一旦有了集合，就可以談一談子集，也就是在大集合裡的較小集合。跟我們的例子 N 有關的最明顯子集是 O = { 1, 3, 5, 7, … } 和 E = { 2, 4, 6, 8, … }，這兩個分別是奇數子集和偶數子集。如果我們想問：「奇數數字和偶數數字的數量是否相同？」，我們的答案會

大事紀

西元 350	西元 1639	西元 1655
亞里斯多德否認實無限	吉拉德・笛沙格（Girard Desargues）將無限大的概念引入幾何學	約翰・沃利斯（John Wallis）是第一個創造「同心結」符號 ∞ 的人

是什麼？

　　雖然我們無法用數數來計算集合裡的每個元素，並且加以比較來回答這個問題，但答案仍會是：「相同！」。這樣的信心是基於什麼呢？或許是某些像「整數有一半奇數和一半偶數」的想法。康托爾同意這個答案，但是提出了不同的理由。他會說：「每當我們有一個奇數，接著就會有一個偶數『配對』。」集合 O 與集合 E 有相同數量的元素，這個概念的基礎在於將各個奇數與偶數配成對：

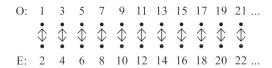

　　如果我們想問更進一步的問題：「整數的數量是否跟偶數相同？」答案或許是：「不同」，論點在於集合 N 的數量是它自己內部的偶數集合的兩倍。

　　然而，當我們處理的集合是無限數量的元素時，「更多」的概念就非常模糊。我們用一對一對應可以解說得更好。令人驚訝的是，集合 N 與偶數集合 E 之間有一對一對應。

```
N:  1   2   3   4   5   6   7   8   9   10  11 ...
    ↕   ↕   ↕   ↕   ↕   ↕   ↕   ↕   ↕   ↕   ↕
E:  2   4   6   8   10  12  14  16  18  20  22 ...
```

　　我們做出驚人的結論是：整數和偶數的「數量相同」！這完全違背了古希臘人宣告的「共有概念」，即亞歷山卓（Alexandria）的歐幾里得（Euclid）所著的《幾何原本》一開頭就寫說：「整體比部分還大」。

基數

　　集合裡的元素數量被稱為集合的「基數（cardinality）」。以羊群為例，農夫的會計師記錄的基數是 42。集合 {a, b, c, d, e} 的基數是 5，可以寫成 card {a,

西元 1874
康托爾嚴格對待無限大的概念，
具體說明無限大的不同階層

西元 1960
亞伯拉罕 · 羅賓森（Abraham Robinson）基
於無限小的概念發明了一種非標準的算術

b, c, d, e} = 5。因此，基數是集合「大小」的測量值。

對於整數 N 以及任何跟 N 有一對一對應的集合之基數，康托爾都用符號 $\aleph_0$（$\aleph$ 或 aleph 出自希伯來字母；符號 $\aleph_0$ 的讀法是「阿列夫零（aleph nought）」）來加以表示。因此若用數學的語言，我們可以寫成 $card(\mathrm{N}) = card(\mathrm{O}) = card(\mathrm{E}) = \aleph_0$。

任何能與 N 有一對一對應的集合，都叫做「可數無限」。可數無限的狀態意指：「我們可以把集合的元素寫成列表」。舉例來說，奇數的列表就是 1, 3, 5, 7, 9, ⋯⋯，我們知道哪個元素排第一、哪個元素是第二等等。

分數是可數無限嗎？

分數集合 Q 是比 N 大的集合，事實上，N 可被視為是 Q 的子集。我們能否以列表的方式將 Q 的所有元素都寫出來呢？我們是否能設計一個列表，好讓每一個分數（包括負分數）都各占其位呢？這麼大的一個集合能被放入與 N 的一對一對應關係，這樣的想法似乎不太可能。然而，事實上我們可以做到這點。

$$1 \quad -1 \quad 2 \quad -2 \quad 3 \quad -3 \quad 4\cdots$$

$$\frac{1}{2} \quad \frac{-1}{2} \quad \frac{3}{2} \quad \frac{-3}{2} \quad \frac{5}{2} \quad \frac{-5}{2} \quad \frac{7}{2}\cdots$$

$$\frac{1}{3} \quad \frac{-1}{3} \quad \frac{2}{3} \quad \frac{-2}{3} \quad \frac{4}{3} \quad \frac{-4}{3} \quad \frac{5}{3}\cdots$$

$$\frac{1}{4} \quad \frac{-1}{4} \quad \frac{3}{4} \quad \frac{-3}{4} \quad \frac{5}{4} \quad \frac{-5}{4} \quad \frac{7}{4}\cdots$$

$$\frac{1}{5} \quad \frac{-1}{5} \quad \frac{2}{5} \quad \frac{-2}{5} \quad \frac{4}{5} \quad \frac{-4}{5} \quad \frac{5}{5}\cdots$$

起始的方法是以二維項思考。一開始，我們把所有的整數寫成一排，正負數交替出現。在下一排，我們寫出所有分母為 2 的分數，但略過上一排曾出現過的數字（如 $\frac{6}{2} = 3$）。在這排下面，我們寫出分母為 3 的分數，同樣也略過已經記下的那些數字。我們若以此方式持續地寫，當然沒有結束的時候，但我們確切地知道每個分數都會在這圖表的某處出現。舉例來說，$\frac{209}{67}$ 會在第 67 排、從 $\frac{1}{67}$ 開始往右數 200 個左右的位置。

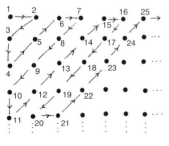

藉由像這樣呈現所有分數（至少有這樣的可能），我們可以建構一個一維列表。如果我們從最上排開始、每一步都往右移動，我們永遠都到不了第二排。然而，若是選擇迂迴的 Z 形路徑，我們就可以成功移動到下一排。以 1 為起點，說好的線性列表就開始了：$1, -1, \frac{1}{2}, \frac{1}{3}, -\frac{1}{2}, 2, -2$，依箭頭指示方向繼續。每一個分數，無論是正是負，都會出現在線性列表的某處；反過來說，在分數的二維列表中，一個分數的位置會帶出它的「配對」。因此我們可以推論，分數集合 Q 是可數無限，可以寫成 $card(\mathrm{Q}) = \aleph_0$。

列出實數

雖然分數集合說明了實數線上的許多元素可以組成分數，但還有些像是

$\sqrt{2}$、e 和 π 等實數，並不屬於分數。這些是無理數，他們塡滿實數線上除了實數以外的空白處，使得我們有實數線集合 R。

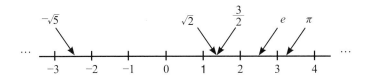

因爲空白處都被塡滿，所以集合 R 爲「閉聯集（continuum）」。旣然如此，我們該如何做出一個實數列表呢？康托爾以聰明絕頂的作法證明，就連試圖在 0 和 1 之間插入實數都注定失敗。對於那些深深迷戀製作出列表的人，這無疑是個很大的衝擊，他們一定很想知道數字集合爲什麼無法一個接一個寫下去。

假設你不相信康托爾。你知道介於 0 和 1 之間的各個數字可用展開的小數表示，例如 $\frac{1}{2}$ = 0.500000000000000000··· 以及 $\frac{1}{\pi}$ = 0.31830988618379067153···，則你必須對康托爾說：「這是我將 0 和 1 之間全部的數做出的列表。」我們稱之爲 r_1、r_2、r_3、r_4、r_5····。如果你無法產生這樣的一個列表，那康托爾就是對的。

想像康托爾看著你的列表，他用粗體標出對角線上的數字：

r_1:   0.$\boldsymbol{a_1}$$a_2a_3a_4a_5$···

r_2:   0.$b_1\boldsymbol{b_2}b_3b_4b_5$···

r_3:   0.$c_1c_2\boldsymbol{c_3}c_4c_5$···

r_4:   0.$d_1d_2d_3\boldsymbol{d_4}d_5$···

康托爾會說：「好！但數字 x = 0.$x_1x_2x_3x_4x_5$······在哪裡？（其中 x_1 不同於 a_1、x_2 不同於 b_2、x_3 不同於 c_3······沿著對角線往下類推）」他的 x 跟你列表中的每個數字都有一位小數不同，所以 x 不可能出現在你的列表裡。這表示康托爾是對的。

事實上，不可能列出實數集合 R，因此它是個「更大」的無限集合，有著「更高階的無限」，比分數集合 Q 的無限大還大。大，只會越來越大。

重點概念
好大好大的無限大

08 虛數

我們當然可以想像虛構數字。我偶爾會想像我的銀行帳戶裡有五千萬的存款，但這無疑是「虛構的數字」。然而，虛數（imaginary number）在數學上的運用，跟這樣的白日夢一點關係都沒有。

「虛」這樣的標記，通常被認為是出自哲學家暨數學家勒內・笛卡兒（René Descartes），以此承認方程式中顯然不是普通數字的奇怪解答。虛數是否真的存在？哲學家仔細考量的點，主要著重在「虛」這一個字眼。但對數學家而言，虛數的存在與否並不是個問題。他們就像數字 5 或 π 一樣，完全是日常生活的一部分。或許在購物的時候，虛數對你一點都沒有幫助，但只要去問問任何一個飛機設計師或電子工程師，你就會發現虛數其實重要的不得了。若將實數和虛數加在一起，我們會得到所謂的「複數」，聽到這個名詞，應該就比較不那麼陌生了。複數的理論取決於 −1 的平方根。因此我們要問的是，什麼數字平方後會得到 −1？

如果你將任何非 0 的數字乘上自己（也就是平方），永遠都會得到正數。正數的平方當然確信是如此，但如果是負數的平方呢？我們可以用 (−1)×(−1) 當作檢驗的例子。就算我們把學校教的規則「負負得正」全都忘得一乾二淨，但我們應該還記得答案不是 −1 就是 +1。假如我們認為 (−1)×(−1) 等於 −1，那我們若是在兩邊同除以 −1，最後會得到 −1 = 1 的結論，這根本是胡說八道。因此，我們必須假設 (−1)×(−1) = 1，也就是得到正數。−1 以外的其他負數，也可以得出同樣的論點，因此任何實數的平方，絕對都不可能為負。

這造成了十六世紀早期研究複數的關鍵點。在克服這點之後，數學便不再受限於普通數字的侷限，進入了未曾幻想的廣闊天地。複數的發展在於「讓實數完

西元 1572	西元 1777	西元 1806
拉斐爾・邦貝利（Rafael Bombelli）用虛數做計算	歐拉首先使用符號 i 符號來表示 −1 的平方根	由阿爾岡的圖示法得出「阿岡圖」這個名詞

整」，讓這個系統自然地趨於完美。

−1 的平方根

我們從實數數線的限制已經看到：

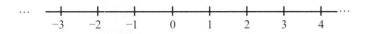

正常來說，−1 的平方根不存在，因為任何數的平方都不可能為負。如果我們光是一直思考實數線上的數字，那麼我們最好放棄，繼續把他們稱做虛數，找個哲學家喝一杯茶，然後對他們還是無可奈何。或者，我們可以大膽果斷地接受 $\sqrt{-1}$ 是新的存在，並且用 i 來加以表示。

藉由上段的思考，虛數確實存在。我們不知道他們是什麼，但我們相信他們的存在。至少我們知道 $i^2 = -1$，所以在我們新的數字系統裡面，我們有像是 1、2、3、4、π、e、$\sqrt{2}$ 和 $\sqrt{3}$ 等這些老朋友們，還有像是 1 + 2i、−3 + i、2 + 3i、1 + $i\sqrt{2}$、$\sqrt{3}$ + 2i、$e + \pi i$ 等一些包含 i 的新朋友們。

大約在十九世紀初期，數學踏出這重大的一步，此時我們跳脫了一維的數線，進入到嶄新的二維數平面。

> ### 工程裡的 √−1
>
> 即便像工程師這種相當注重實用性的人，都找得到複數的用途。當麥可・法拉第（Michael Faraday）在 1830 年代發現交流電時，虛數便成為物理上的現實。但這種情況是用字母 j（而不是 i）來表示 $\sqrt{-1}$，因為物理的 i 是代表電流。

加法和乘法

現在我們已經有複數的概念，也就是 $a + bi$ 的數字形式，那我們可以用他們做什麼呢？就像實數一樣，他們也可以相加和相乘。進行加法時，是實數部分和實數部分相加，虛數部分和虛數部分相加，所以 2 + 3i 加 8 + 4i 變成 (2+8) + (3+4)i，得到的答案是 10 + 7i。

乘法和加法一樣直接明了。如果我們想把 2 + 3i 乘上 8 + 4i，我們先將各對符號相乘：

$$(2 + 3i) \times (8 + 4i) = (2 \times 8) + (2 \times 4i) + (3i \times 8) + (3\ i \times 4i)$$

然後把各項 16、$8i$、$24i$、$12i^2$ 相加，其中最後一項的 i^2 以 –1 取代。因此，相乘的結果是 $(16 - 12) + (8i + 24i)$，也就是複數 $4 + 32i$。

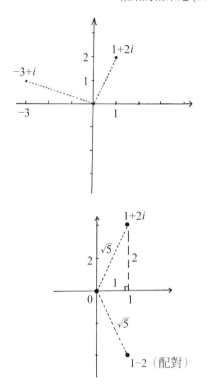

複數符合所有的運算規則，減法和除法也都能夠進行（但不能除以 $0 + 0i$ 這個複數，不過就算在實數的計算中，0 也不能當作除數）。實際上，複數享有實數的所有性質，但有一點除外，那就是我們無法將複數像實數那樣分成正數和負數。

阿岡圖（Argand Diagram）

若用圖來表示，就可以清楚地看出複數的二維性。我們可以在阿岡圖上畫出複數 $-3 + i$ 和 $1 + 2i$：這種使用畫圖表示複數的方式，是以瑞士的數學家讓・羅貝爾・阿爾岡（Jean Robert Argand）命名，然而差不多同一時期，也有其他人提出類似的概念。

每個複數都有個「配對（mate）」，正式的名稱為「共軛（conjugate）」。找出配對的方法，是將第二項的正負符號顛倒過來，例如 $1 + 2i$ 的配對是 $1 - 2i$。同理，$1 - 2i$ 的配對是 $1 + 2i$，這就是配對關係。

將「配對」彼此相加和相乘，永遠都會得到實數。例如將 $1 + 2i$ 加 $1 - 2i$ 會得到 2，兩者相乘得會得到 5，這裡的乘法更是有趣。5 這個答案，是複數 $1 + 2i$ 的「長度」平方，而且它的長度跟配對的長度相等。換句話說，我們可以將複數的長度定義為：

$$w\ 的長度 = \sqrt{(w \times w\ 的配對)}$$

我們拿 $-3 + i$ 來作例子，我們得出 $(-3 + i)$ 的長度 $= \sqrt{(-3+i) \times (-3-i)}$ $= \sqrt{(9+1)}$，所以 $(-3 + i)$ 的長度 $= \sqrt{10}$。

複數能不再這麼神秘，最大的功臣是十九世紀愛爾蘭的首席數學家威廉・哈密頓（William Rowan Hamilton）爵士。他認知到理論其實真的不需要 i，它的作用只是個占位符號，可以被丟掉。

哈密頓認為複數是「有序對 (a, b)」的實數，以此帶出他們的二維性質而且並沒有想像中這麼神秘。像是去掉了 i，加法就變成：

$$(2, 3) + (8, 4) = (10, 7)$$

但是乘法就沒有那麼明顯：

$$(2, 3) \times (8, 4) = (4, 32)$$

當我們考慮所謂的「單位元素的 n 次方根」（對數學家而言，「單位元素」的意思是「1」），複數系統的完整性就變得更加清楚。這些是等式 $z^n = 1$ 的解答。我們用 $z^6 = 1$ 來舉例，在實數數線上有兩個根：$z = 1$ 和 $z = -1$（因為 $1^6 = 1$ 且 $(-1)^6 = 1$），但這裡其實應該有六個根，那麼其他的根在哪裡呢？就像這兩個實根一樣，六個根全都具有單位長度，在以原點為中心、半徑為單位長度的圓上可以找到這六個根。

此外還有其他要點。如果我們先看在第一象限裡的根：$w = \frac{1}{2} + \frac{\sqrt{3}}{2} i$，接下來的根（逆時針移動）依序為 w^2、w^3、w^4、w^5、$w^6 = 1$，這六個根分別位在正六邊形的各個頂點。一般而言，單位元素的 n 個根都會在圓上，且分別位於正 n 邊形的角或「頂點」。

複數的擴展

一旦數學家有了複數，便直覺地想尋求一般化。複數是二元的，但是「二」有什麼特別的呢？多年來，哈密頓試圖建構三元的數字，並努力想出方法來進行加法和乘法，然而他只有在切換到四元的時候成功。不久之後，由獨立的兩個四元數可以組成八元數〔稱之為凱萊數（Cayley number）〕。許多人很好奇這個故事可不可能延續到十六元，然而在哈密頓做出這項重大功績的五十年後，證實了沒有這個可能。

重點概念
不真實的數字其真實的用法

09 質數

數學是個橫跨人類各種活動領域的廣泛主題，範圍大到有時可能讓人有點喘不過氣來。偶爾，我們必須回歸到基礎上。這句話的意思永遠都是指回到數數：1、2、3、4、5、6、7、8、9、10、11、12……。有什麼能比這個更基本呢？

4 = 2×2，所以我們可以把 4 分開得到基本（primary）元素 2。我們能不能把任何其他數字都拆開來呢？確實，還有一些數可以這麼做：6 = 2×3、8 = 2×2×2、9 = 3×3、10 = 2×5、12 = 2×2×3，這些叫做「合數」，因為他們是由非常基本的數字 2、3、5、7……組合而成。其中 2、3、5、7、11、13……是「不可分的數字」，這些數字就是質數（prime number）。質數的定義是，除了 1 和自己本身之外，無法被其他的數整除。或許你很好奇，既然如此，那 1 自己是質數嗎？根據這個定義，1 應該是質數，過去的確有許多重要的數學家把 1 當作質數，但現代數學家的質數則是從 2 開始。這讓數學家得以優雅地闡述定理。至於現在，我們也是把 2 當作第一個質數。

我把前幾個是質數的數字畫上底線：1、<u>2</u>、<u>3</u>、4、<u>5</u>、6、<u>7</u>、8、9、10、<u>11</u>、12、<u>13</u>、14、15、16、<u>17</u>、18、<u>19</u>、20、21、22、<u>23</u>……。研究質數，讓我們回到基本原理的最基本之處。質數很重要，因為他們是數學的「原子」。就像所有的化合物都是由基本的化學元素組成一般，質數也可以組合成各種數字。

更加強化這點的數學成果有個偉大的名字，叫做「因式分解法」，意思是每一個大於 1 的整數，都只能以一種方式寫成質數相乘。我們知道 12 = 2×2×3，而且這是用質數組成的唯一一種寫法。這樣的式子通常會以次方的記號表示：12 = 2^2×3。另外一個例子：6545448，可以被寫成 2^3×3^5×7×13×37。

大事紀

西元前 300	西元前 230	西元 1742
歐幾里得的《幾何原本》提出證據，證明質數的數量是無限的	昔蘭尼的埃拉托斯特尼描述了一個方法，可以從整數中篩出質數，稱之為質數篩法	哥德巴赫（Goldbach）推測，大於 2 的每個偶數都是兩個質數的和

發現質數

0	1	2	3	4	5	6	7	8	9
10	11	12	13	14	15	16	17	18	19
20	21	22	23	24	25	26	27	28	29
30	31	32	33	34	35	36	37	38	39
40	41	42	43	44	45	46	47	48	49
50	51	52	53	54	55	56	57	58	59
60	61	62	63	64	65	66	67	68	69
70	71	72	73	74	75	76	77	78	79
80	81	82	83	84	85	86	87	88	89
90	91	92	93	94	95	96	97	98	99

可惜的是，並沒有固定的方程式可以用來認定質數，他們在整數裡的樣貌似乎也沒有模式可依循。找出質數的初期方法之一，是由一個跟阿基米德同一時代、但比較年輕，昔蘭尼（Cyrene）的埃拉托斯特尼（Erastosthenes）所發展出來，他人生的多數時間是在雅典（Athens）度過。在當時，他因爲精確計算赤道的長度而深受敬佩。今日我們會注意到他，則是因爲他找出質數的篩選法。埃拉托斯特尼想像一長串的數字在他眼前展開，他先在 2 的底下畫線，並刪去所有 2 的倍數。然後是 3，畫底線、刪去所有 3 的倍數。以此方法繼續下去，他篩掉所有的合數。此一篩選法所留下畫著底線的數，就是質數。

我們可以預測質數，但我們該如何判定某個特定的數是不是質數呢？像是 19071 或 19073 是質數嗎？除了質數 2 和 5 之外，其他質數的個位數一定是 1、3、7 或 9，但這個必要條件不足以認定一個數是否爲質數。如果不試試可能的因數（divisor），實在很難判別一個個位數爲 1、3、7 或 9 的大數字是不是質數。順道一提，$19071 = 3^2 \times 13 \times 163$，所以它不是質數，但 19073 是質數。

另一個長久以來的挑戰則是，能否發現質數的分布有任何的模式。讓我們看看從 1 到 1000 之間，每個 100 爲單位的數段中各有多少個質數。

範圍	1-100	101-200	201-300	301-400	401-500	501-600	601-700	701-800	801-900	901-1000	1-1000
質數個數	25	21	16	16	17	14	16	14	15	14	168

在 1792 年，年僅十五歲的卡爾 · 弗里德里希 · 高斯提出公式 $P(n)$，用來估計小於特定數 n 的質數個數（現在稱之爲質數定理）。例如 $n = 1000$，由公式推估的近似值是 172。實際上的質數個數是 168，比這個估計值少。

曾有段時間人們都一直假設，對於任何的 n，結果都是實際值比估計值小，但質數常有些驚喜等待你去發覺，我們確實已經發現 $n = 10^{371}$（相當大的數字，普通寫法是 1 後面接一長串 371 個 0）的實際質數個數超過估計值。事實上，在某個範圍裡，估計值和實際值的差異是在小於和大於之間擺盪。

有多少？

質數的數量有無限多個。歐幾里得在他的《幾何原本》（第九卷，第 20 個命題）這麼描述：「給定任意多個連續質數，必存在更大的質數。」歐幾里得美妙的證明如下：

假設 P 是最大的質數，仔細想想數字 $N = (2 \times 3 \times 5 \times \cdots \times P) + 1$。$N$ 可能是質數或不是質數。如果 N 是質數，N 就是一個比 P 大的質數，這樣就跟我們的假設互相矛盾。如果 N 不是質數，那就一定可以被某個質數整除，假定是 p，而 p 會是 2、3、5、$\cdots$、P 的其中之一。這表示 p 可以整除 $N - (2 \times 3 \times 5 \times \cdots \times P)$，但這個數等於 1，所以 p 可以整除 1。但這是不可能的，因爲所有的質數都大於 1。因此，無論 N 的性質爲何，我們都將得到矛盾的結果。由此看來，我們的原始假設「P 是最大的質數」有誤。所以最後得到的結論爲：質數有無限多個。

然而，質數「有無限多個」這個事實，並沒有辦法阻止人們爭先恐後的想要找出最大的質數。近期的記錄保持者是巨大的梅森質數（Mersenne prime）$2^{24036583} - 1$，它的近似值爲 $10^{7235732}$（1 後面接著 7235732 個 0）。

未知

跟質數有關的最重要未知領域是「孿生質數問題（twin primes problem）」以及「哥德巴赫猜想（Goldbach conjecture）」。

孿生質數是指一個偶數隔開一對連續的質數。例如：1 到 100 之間的孿生質數有 3、5；5、7；11、13；17、19；29、31；41、43；59、61；71、73。在小於 10^{10} 的數中，我們已知有 27412679 對孿生質數。意思是在這個範圍裡，孿生質數中間的偶數，例如 12（夾在 11 與 13 之間）只占了這個範圍裡面所有數的 0.274%。孿生質數是無限的嗎？如果不是，那會很令人好奇，但是到目前爲止沒有人能寫出這個證明。

哥德巴赫猜想是：

任何大於 2 的偶數，都可以表示成兩個質數的和。

舉例來說，42 是偶數，而我們可以把它寫成 5 + 37。

事實上我們也可以寫成 11 + 31、13 + 29 或 19 + 23，但這都不重要，因爲我們所需要的只是一種方法。再大的數字都適用這個猜想，但這個猜想從未得到證實。然而，這方面一直有所進展，許多人感覺這個證明總有一天會到來。中國數學家陳景潤跨出了重大的一步。他的定理說到，每一個充分大的偶數，都可以寫成「兩個質數之和」或是「一個質數和一個半質數（兩個質數的乘積）之和」。

偉大的數字理論家皮埃爾 · 德 · 費馬（Pierre de Fermat）證明，$4k + 1$ 這種形式的質數，以兩數的平方和來表達的方法只有一種（如 $17 = 1^2 + 4^2$），不過 $4k + 3$ 這種形式（如 19）就完全無法寫成兩數的平方和。約瑟夫 · 拉格朗日（Joseph Lagrange）也證明了有關二次方的數學定理：每個正整數都是 4 個數字的平方和。確是如此，像是 $19 = 1^2 + 1^2 + 1^2 + 4^2$。還有人探討過更高的次方，雖然這些書中充斥著各種定理，但仍有許多問題懸而未決。

我們將質數描述爲「數學的原子」。這句話確實沒錯，你或許會說「物理學家已經在原子之外找到更基礎的單位，例如夸克（quarks）。這是否代表數學已經停滯不前了呢？」如果我們將自己侷限在數數裡，那 5 是質數而且將永遠如此。不過高斯提出一個影響深遠的發現，就某些質數而言，例如 $5 = (1 - 2i) \times (1 + 2i)$，其中 $i = \sqrt{-1}$，屬於虛數系統。既然 5 是兩個高斯整數的乘積，表示這類的數字並不像我們過去假設的那般不可打破。

數字命理學者的數

數字理論中最具挑戰的領域之一是「華林問題（Waring's problem）」。在 1770 年，劍橋的教授愛德華 · 華林（Edward Waring）提出有關將整數寫成次方相加的問題。在這樣的情景之下，神奇的數字命理學科與數學的臨床科學以質數的形式相遇，透過平方和與立方和。在數字命理學中，數字 666 是無與倫比的崇敬對象，在《聖經》的《啓示錄》（Revelation）中，它是「獸名數目」，有著一些意想不到的性質。它是前 7 個質數的平方和：

$$666 = 2^2 + 3^2 + 5^2 + 7^2 + 11^2 + 13^2 + 17^2$$

數字命理學者也熱切地指出，666 是迴文的立方和，如果這還不夠，請再看看位居中央的關鍵 6^3 正好是 $6 \times 6 \times 6$ 的縮寫。

$$666 = 1^3 + 2^3 + 3^3 + 4^3 + 5^3 + 6^3 + 5^3 + 4^3 + 3^3 + 2^3 + 1^3$$

因此數字 666 眞的是「數字命理學者的數」。

重點概念
質數是數學的原子

10 完全數

數學中對於完美的追求，已經使得眾追求者到達不同的境地。像是完全平方，這個名詞並不是做審美觀之用，反而比較像是在警示你世上還有不完全平方的存在。另一方面，有些數字沒幾個因數，但有些數字則有很多。然而像國外三隻小熊的故事，有些數字就是「剛剛好」。當一個數字的因數相加後等於自己時，我們就稱它為完全數。

希臘哲學家斯珀西波斯（Speusippus）（後來接管他舅舅柏拉圖的學院）宣稱，畢達哥拉斯學派相信有充分的憑據證明 10 是個完全數。為什麼呢？因為 1 到 10 之間的質數（亦即 2、3、5、7）個數等於非質數（4、6、8、9）個數，而 10 是具有這項性質的最小數字。有些人對於完全數，有著更奇怪的想法。

畢達哥拉斯學派的人實際上對於完全數似乎有更豐富的概念。歐幾里得在《幾何原本》一書中描述了完全數的數學性質，而 400 年後的尼克馬可斯（Nicomachus）對其深入研究，進而產生了相親數（amicable numbers）與相親數鏈（sociable numbers）。這些類別的定義，根據的是他們與自己因數之間的關係。在某個時期，他們提出了超過剩數（superabundant numbers）和虧數（deficient numbers）的理論，並由此建構他們的「完全」概念。

一個數字是否為超過剩數，取決於它的因數，以及設法得出的乘法與加法之間的關聯。我們以數字 30 為例，想一想它的因數，也就是所有可以把它整除並且小於 30 的數。對於像 30 這樣的小數字，我們可以知道它的因數有 1、2、3、5、6、10 和 15。

計算這些因數的總和，我們得到 42。意味著數字 30 是超過剩數，因為它的因數相加，總和（42）比它自己（30）還大。

西元前 525	西元前 300	西元 100
完全數與過剩數的研究與畢達哥拉斯學派有所關聯	歐幾里得的《幾何原本》第九卷討論到完全數	傑拉什（Gerasa）的尼克馬可斯根據完全數提出數字的分類

前幾個完全數

順序	1	2	3	4	5	6	7
完全數	6	28	496	8128	33550336	8589869056	137438691328

　　若結果與上述相反，則是虧數，也就是一個數的因數總和小於數字本身。所以數字 26 是虧數，因為它的因數是 1、2、13，相加後只等於 16，小於 26。質數是特別的虧數，因為質數的因數總和永遠都只有 1。

　　一個數若既不是超過剩數、也不是虧數，那就是完全數。完全數的因數總和等於數字本身。第一個完全數是 6，它的因數是 1、2、3，當我們把各因數相加，結果得到 6。畢達哥斯學派對於數字 6 深深著迷，他們將 6 的各部分組合在一起的情況稱作是「婚姻、健康與美好」。另外還有一個跟 6 有關的故事出自聖奧古斯丁（St Augustine）（西元 354～430 年）。他相信數字 6 的完美含義在世界誕生以前就已經存在，而上帝用 6 天創造世界正是因為這個數字很完美。

　　下一個完全數是 28，它的因數是 1、2、4、7 和 14，當我們把因數相加會得到 28。第一和第二個完全數（6 和 28）在完全數這門學問中相當特別，因為已經證實每個偶完全數的結尾不是 6、就是 28。在28 之後，下一個完全數要等到 496 才會出現。檢查這件事情並不困難，496 的因數總和：496 = 1 + 2 + 4 + 8 + 16 + 31 + 62 + 124 + 248。至於再下一個完全數，我們就必須開始進入深奧的數字領域。在十六世紀已經找出前五個完全數，但我們還是不知道有沒有最大的完全數，或是完全數是否會沒完沒了地繼續下去。多數人認為，完全數就像是質數，會永遠地延伸下去。

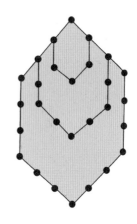

　　畢達哥拉斯學派對於完全數與幾何學的關聯相當熱衷。如果我們擁有數量為完全數的豆子，是否能用他們排出六角形的項鍊。以 6 為例，我們可以排出簡單的六角形，將六顆豆子分別排在六角形各個角上，但對於更大的完全數，我們就必須在大的項鍊裡加入比較小的項鍊。

西元 1603
皮特羅・卡塔爾迪（Pietro Cataldi）找到第六和第七個完全數：$2^{16}(2^{17} - 1) = 8589869056$ 以及 $2^{18}(2^{19} - 1) = 137438691328$

西元 2006
大質數搜尋計畫找到第四十四個梅森質數（幾乎有一千萬位），而另一個新的完全數由此產生

梅森數

　　建構完全數的關鍵是一組以法國修士梅森神父（Father Marin Mersenne）命名的數字，他在耶穌學校（Jesuit College）與勒內 · 笛卡兒一起進行研究。

他們兩人都對尋找完全數很感興趣。梅森數是由 2 的次方構成，將數字加倍 2、4、8、16、32、64、128、256、……，然後減去一個 1。梅森數的數字形式為 $2^n - 1$。雖然他們永遠都是奇數，但並非全部都是質數。然而，那些具有質數性質的梅森數，正好可被用來構成完全數。

次方	結果	減1（梅森數）	是否為質數？
2	4	3	質數
3	8	7	質數
4	16	15	非質數
5	32	31	質數
6	64	63	非質數
7	128	127	質數
8	256	255	非質數
9	512	511	非質數
10	1024	1023	非質數
11	2048	2047	非質數
12	4096	4095	非質數
13	8192	8191	質數
14	16384	16383	非質數
15	32768	32767	非質數

　　梅森知道，如果次方不是質數，那麼梅森數也可能不是質數，從下表的非質數次方 4、6、8、9、10、12、14 和 15 可以看出這點。只有在次方是質數的情況下，梅森數才可能也是質數，但這樣就足夠了嗎？就前幾個例子來看，我們確實得到 3、7、31 和 127，這些質數。所以「質數次方形成的梅森數應該也是質數」，這句話在多數情況下是對的嗎？

　　許多古代（直到西元 1500 年左右）的數學家認為，情況確實如此。但質數不會受限於這麼簡單的定義，且已經有人發現 11（質數）次方是 $2^{11} - 1 = 2047 = 23 \times 89$，因此它不是質數。

　　如同沒有規則存在似的，梅森數 $2^{17} - 1$ 和 $2^{19} - 1$ 都是質數，但 $2^{23} - 1$ 不是

非常好的朋友

頭腦冷靜的數學家不一定總能發現數字的奧秘，但數字命理學也沒有就此消失。相親數緊跟在完全數之後出現，畢達哥拉斯學派或許已經知道他們。後來，他們在編譯浪漫的占星天宮圖時發揮作用，與生俱來的數學性質讓他們自己自然而然像化學分子一樣連結起來。220 和 284 兩個數是相親數。為什麼他們是相親數呢？因為 220 的因數是 1、2、4、5、10、11、20、22、44、55 和 110，如果你把這些因數相加會得到 284。相信你已經猜到了吧！如果你解出 284 的因數並且把他們相加，你會得到 220，這就是真正的友誼。

質數，因爲：

$$2^{23} - 1 = 8388607 = 47 \times 178481$$

建構研究

結合歐幾里得和歐拉的研究，可提出一個方程式讓偶完全數得以產生：n 是偶完全數，若且唯若 (if and only if) $n = 2^{p-1}(2^p-1)$，其中 2^p-1 是梅森數。

例如：$6 = 2^1(2^2 - 1)$，$28 = 2^2(2^3 - 1)$ 且 $496 = 2^4(2^5 - 1)$。這個用來計算偶完全數的方程式代表著：如果我們能找到梅森質數，就能產生偶完全數。對於人和機器而言，完全數都是個挑戰，而且會以前人未曾想到的方法一直挑戰下去。十九世紀初期，表格製作者彼得・巴洛（Peter Barlow）認爲，沒有人可以超越歐拉計算的完全數：

$$2^{30}(2^{31} - 1) = 2305843008139952128$$

那是因爲他無法預見現代電腦的強大威力，或是數學家對於迎接新挑戰的無盡需求。

奇完全數

沒有人知道是否眞能找到一個奇完全數。笛卡兒認爲找不到，但專家也有可能出錯。英國數學家詹姆斯・約瑟夫・西爾維斯特（James Joseph Sylvester）宣稱奇完全數的存在「大概比奇蹟還要奇蹟」，因爲它必須滿足相當多的條件。西爾維斯特的懷疑並不令人驚訝。這是數學最古老的問題之一，但如果奇完全數確實存在，我們對它必須有相當的了解。奇完全數需要至少八個不同的質因數，其中一個要大於一百萬，同時它必須至少有 300 位數那麼長。

梅森質數

找出梅森質數並不是件容易的事。幾世紀以來，許多數學家都投入這項工作，當然也不是每位數學家都能成功找出梅森質數。偉大的李昂哈德・歐拉在 1732 年貢獻出第八個梅森質數：$2^{31} - 1 = 2147483647$。伊利諾大學（University of Illinois）數學系所在 1963 年找到第二十三個梅森質數：$2^{11213} - 1$，這是他們相當引以爲傲的成就，甚至用自己學校的郵票向世界宣告此事。然而藉由電腦的強大力量，尋找梅森質數這項重大工程更持續推進，在 1970 年代後期，還是高中生的尼克爾（Laura Nickel）和諾爾（Landon Noll）共同發現第二十五個梅森質數，之後諾爾單獨發現第二十六個梅森質數。時至今日，被發現的梅森質數共有 45 個。

重點概念
數的奧秘

斐波那契數

在《達文西密碼》（*Da Vinci Code*）中，作者丹 · 布朗（Dan Brown）讓那位被謀殺的羅浮宮館長雅克 · 索尼埃（Jacques Saunière）留下一串數列的前八項，作為他為何橫死的線索。需要密碼專家索菲 · 奈芙（Sophie Neveu）的技術，才能重組數字 13、3、2、21、1、1、8 和 5 以了解他們的重要性。歡迎來到整個數學界中最知名的數列——斐波那契的世界。

斐波那契的整數數列是：

1、1、2、3、5、8、13、21、34、55、89、144、233、377、610、987、1597、2584、…

這個數列廣為人知的理由，是因為它有許多有趣迷人的特質。最為基本（確實也是定義數列的獨有特徵）的是，每一項是它前兩項的總和。例如，8＝5 + 3、13 = 8 + 5、….、2584 = 1587 + 987 等等。唯一要記住的是，最先是由兩個 1 開始，由此你就可以推衍數列後續位置的數。斐波那契數列是從自然中發現的，螺旋的數字形式出自於螺旋排列的向日葵種子數目（例如：在一個方向是 34，另一個方向則是 55），而建築師在設計房間比例和建築比例時，也會用到這個數列。古典音樂作曲家曾以這個數列作為靈感，一般人相信巴爾托克（Bartók）的「舞之組曲（Dance Suite）」就是與它有關。當代的音樂家布萊恩 · 特蘭索（Brian Transeau）（又名 BT）在他的專輯「二元宇宙（*This Binary Universe*）」中有一首曲子名為 1.618，即是向斐波那契數的極限比例致敬，稍後我們會談一談這個數字。

起源

斐波那契數列出現在斐波那契 (又可稱作比薩的列奧納多) 於 1202 年發表的《計算之書》，不過在這之前，印度人大概就已經知道這些數字。斐波那契提

大事紀

西元 **1202**	西元 **1724**	西元 **1923**
比薩的列奧納多出版《計算之書》並發表斐波那契數列	丹尼爾 · 白努利（Daniel Bernoulli）根據黃金比例來表示斐波那契數列的數字	巴爾托克作「舞之組曲」，一般人相信這首曲子是受到斐波那契數的啓發

出以下的兔子生殖問題：

　　成熟的每對兔子每個月會生產一對幼兔。在年初時，我們有一對幼兔。到了第一個月底，這對幼兔成熟為成兔，到了第二個月底，這對成兔依然活著，並且生下了一對新的幼兔。這個成熟與生殖的過程會一直持續。神奇的是，沒有任何一對兔子會死亡。

　　斐波那契想知道在年底時，總共會有多少對兔子。生殖過程可用「族譜圖」來顯示。請看第五個月月底的兔子對數，我們看到的數字是 8。族譜圖這一層的左邊那組是：

與上一層的總數完全一樣，而右邊那組是：

●　○　●

　　則與上上層的總數完全一樣。由此可看出，兔子的出生對數依循基本的斐波那契等式：

$$n 月底的數量 = (n-1) 月底的數量 + (n-2) 月底的數量$$

性質

如果我們把數列的各項相加，看看會發生什麼事情：

$1 + 1 = 2$

$1 + 1 + 2 = 4$

$1 + 1 + 2 + 3 = 7$

$1 + 1 + 2 + 3 + 5 = 12$

$1 + 1 + 2 + 3 + 5 + 8 = 20$

$1 + 1 + 2 + 3 + 5 + 8 + 13 = 33$

……

　　各個式子總和的結果也會形成一個數列，我們可以把這個數列放在原始數列之下，但要做些位移：

西元 **1963**

期刊《斐波那契季刊》（*Fibonacci Quarterly*）創立，專門發表斐波那契數列的理論

西元 **2007**

雕塑家彼得・蘭德爾（Peter Randall-Page）以斐波那契數列為基礎，為英國康瓦爾郡（Cornwall）的伊甸園工程（Eden Project）創作 70 公噸的大型雕塑品「種子」（Seed）

| 斐波那契 | 1　1　2　3　5　8　13　21　34　55　89…… |
| 和 | 2　4　7　12　20　33　54　88…… |

斐波那契數列中的 n 項相加，結果比下下個（第 $n+2$ 項）斐波那契數小 1。如果你想知道 $1 + 1 + 2 + \cdots + 987$ 的答案，只要把 2584 減 1 就得到 2583。如果把間隔一個的數字相加，例如 $1 + 2 + 5 + 13 + 34$，我們得到的答案是 55，本身也是斐波那契數。如果採用其他的作法相加，例如 $1 + 3 + 8 + 21 + 55$，答案是 88，比斐波那契數小 1。

斐波那契數列的數字平方也相當有趣。若將各個斐波那契數字乘上自己，然後彼此相加，我們會得到新的數列。

斐波那契	1	1	2	3	5	8	13	21	34	55	……
平方	1	1	4	9	25	64	169	441	1156	3025	……
平方和	1	2	6	15	40	104	273	714	1870	4895	……

在這種情況下，加到第 n 個數的平方和，剛好等於原始斐波那契數列的第 n 個數字乘上下一個數字。舉例來說：

$$1 + 1 + 4 + 9 + 25 + 64 + 169 = 273 = 13 \times 21$$

斐波那契數也在你沒有想到的地方出現。想像我們有個錢包，裡面放了幾個 1 英鎊和 2 英鎊的硬幣。我們想計算出從錢包裡拿出硬幣，組成特定金額的方式會有哪幾種？在這個問題中，順序相當重要。如果說是 4 英鎊，我們從錢包裡拿錢的方式可能有以下幾種：$1 + 1 + 1 + 1$；$2 + 1 + 1$；$1 + 2 + 1$；$1 + 1 + 2$ 以及 $2 + 2$。共有五種方式，而這個數字剛好對應到第五個斐波那契數。如果你想拿 20 英鎊，那麼以 1 英鎊、2 英鎊硬幣的組合方式有 6765 種，對應到的是第二十一個斐波那契數！由此可見簡單的數學概念蘊含多大的力量。

黃金比例

如果我們看看由斐波那契數列中的一項除以前一項所得到的比例，我們會發現斐波那契數的另一個特性。讓我們就前幾項來試做看看，1、1、2、3、5、8、13、21、34、55。

$\dfrac{1}{1}$	$\dfrac{2}{2}$	$\dfrac{3}{2}$	$\dfrac{5}{3}$	$\dfrac{8}{5}$	$\dfrac{13}{8}$	$\dfrac{21}{13}$	$\dfrac{34}{21}$	$\dfrac{55}{34}$
1.000	2.000	1.500	1.333	1.600	1.625	1.615	1.619	1.617

得到的比例趨近黃金比例的值，這是數學裡的一個知名數值，以希臘字母 φ 表示。它跟 π 和 e 一樣可名列頂尖的數學常數，而且有精確值

$$\varphi = \frac{1+\sqrt{5}}{2}$$

這個值可估計到小數 $1.618033988\cdots$。只要再努力一點，我們就可以證明每個斐波那契數都可以用 φ 來呈現。

儘管我們已經知道大量有關於斐波那契數列的知識，但仍留有許多疑問等待我們解決。斐波那契數列的前幾個質數是 2、3、5、13、89、233、1597，然而我們並不知道在斐波那契數列中，是否存有無限多的質數。

家族相似性

在類似數列的龐大家族中，斐波那契數列占有最重要的地位。家族裡還有個引人注目的成員，我們常把它跟牛群總數問題連在一起。不同於斐波那契的成對兔子，一個月就從幼兔轉為成兔而開始繁殖，牛隻的成熟過程有中間階段，從小牛先長到未成熟的狀態，然後才長大成熟。只有成熟的牛可以繁殖。牛隻數列是：

○ 小牛
◐ 未成熟的牛
● 成熟的牛

1、1、1、2、3、4、6、9、13、19、28、41、60、88、129、
189、277、406、595、…

牛群總數

因為有中間階段，所以會跳過一個值，例如 41 = 28 + 13 而 60 = 41 + 19。這個數列跟斐波那契數列有類似的性質。就牛隻數列而言，其中的一項除以前一項所得到的比例會接近一個極限，以希臘字母 ψ（psi）表示：

$$\psi = 1.46557123187676802665\cdots$$

這個數被稱為「超級黃金比例」。

重點概念
讓我們來破解達文西密碼

12 黃金矩形

我們的四周到處都充斥著矩形：建築、相片、窗戶、門，連這本書都是。而藝術家作品裡也常看見矩形，像是皮特 · 蒙德里安（Piet Mondrian）、本 · 尼科爾森（Ben Nicholson），還有其他的抽象派畫家，全都有用過矩形。既然如此，那所有的矩形中最美的是哪一種呢？是細長的「賈科梅蒂矩形（Giacometti rectangle）」嗎？還是接近正方形的種類呢？或者是介於這兩者間的某一個矩形？

這個問題真的有意義嗎？有些人認為有，而且相信有某種特定的矩形比其他矩形更「理想」。當然，黃金矩形或許是最受這些人所推崇的。在所有的矩形中，每一個都可訂定自己的不同比例（這就是矩形之所以為矩形），而黃金矩形是極其特殊的矩形，它帶給藝術家、建築師和數學家許多靈感。讓我們先來看看其他的矩形。

數學紙張

如果我們拿一張 A4 的紙張，它的尺寸為短邊 210 公釐、長邊 297 公釐，長寬比為 $\frac{297}{210}$，近似值是 1.4142。任何一張國際標準的 A 尺寸紙張，若短邊等於 b，長邊則永遠都等於 $1.4142 \times b$。所以 A4 的紙是 $b = 210$ 公釐，而 A5 則是 $b = 148$ 公釐。用於紙張尺寸的 A 公式系統具有十分迷人的性質，這樣的性質並不是在任意尺寸中都能找得到。如果把一張 A 尺寸的紙對折，形成的兩個小矩形會跟大矩形（整張紙）成正比，他們是相同矩形的較小版本。

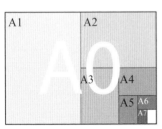

以此方法，一張 A4 的紙對折成兩張，就產生兩張 A5 的紙。同樣的，A5 的紙可產生兩張 A6 的紙。換個方向來看，一張 A3 的紙是由兩

大事紀

西元前 約 300	西元 1202	西元 1509
歐幾里得在《幾何原本》中發表中末比（extreme and mean ratio，若一直線按中末比分割為二，全線段與分割後的長線段之比，恰好等於長線段與短線段之比，亦稱為黃金分割點）	比薩的列奧納多出版《計算之書》	帕西奧利出版《神聖比例》

張 A4 的紙組合而成。A 尺寸的紙，數字越小則越大張。

我們是如何得知這個特別的數字——1.4142 是黃金比例呢？我們來試著折一張紙，但這次我們不知道這張矩形的長邊有多長。如果我們把矩形的寬設為 1，並且把長邊的長度寫作 x，那麼長寬比是 $\frac{x}{1}$。如果我們現在把這張矩形對折，較小矩形的長寬比就成為 $\frac{1}{\frac{x}{2}}$，等於 $\frac{2}{x}$。A 尺寸的重點是這兩個比例必須相等，因此我們得到這樣的等式：$\frac{x}{1} = \frac{2}{x}$ 或是 $x^2 = 2$。因此，x 的實際值是 $\sqrt{2}$，大約等於 1.4142。

數學黃金

黃金矩形並非都相同，但只有些微差異。這次我們將矩形沿著線段 RS 折疊（如圖示），好讓 $MRSQ$ 四點形成正方形的四個角。

黃金矩形的關鍵性質是，折疊產生的那個矩形（$RNPS$）跟大的矩形（$QMNP$）成比例，也就是小矩形應該是大矩形的小小複製品。

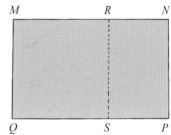

跟前面一樣，我們假設大矩形的寬 $MQ = MR$ 為 1 單位長，而長邊 MN 為 x，因此大矩形的長寬比為 $\frac{x}{1}$。此時，小矩形 $RNPS$ 的寬是 $MN - MR$，也就是 $x - 1$，而長等於 1，所以它的長寬比為 $\frac{1}{x-1}$。由於比例相同，所以我們得到等式：

$$\frac{x}{1} = \frac{1}{x-1}$$

交叉相乘得到 $x(x - 1) = 1$，整理後得到 $x^2 = x + 1$。x 的一個近似解為 1.618。要檢驗這點很容易。如果你用計算機打入 1.618，然後乘上自己（1.618），你會得到 2.618，等同於 $x + 1 = 2.618$。這個數字就是著名的黃金比例，用希臘字母 φ 表示。它的定義和近似值為：

$$\varphi = \frac{1 + \sqrt{5}}{2} = 1.61803398874989484820\cdots$$

這個數字跟斐波那契數列與兔子問題（參見第 11 章）有關。

西元 1876
費希納根據心理學實驗判定最具「美感」的矩形比例

西元 1975
國際標準化組織（International Organization for Standardization, ISO）定義 A 尺寸紙張

取得黃金矩形

現在，讓我們看看是否能建立一個黃金矩形。我們從邊長等於 1 單位的正方形 $MQSR$ 開始，在邊長 QS 上取中點 O。OS 的長度 $= \frac{1}{2}$，根據畢氏定理，三角形 ORS 中，OR 長度 $= \sqrt{\left(\frac{1}{2}\right)^2 + 1^2} = \frac{\sqrt{5}}{2}$。

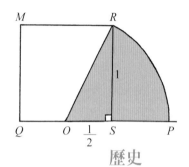

用圓規以 O 為圓心、OR 為半徑，畫弧 RP，交 OS 延長線於 P，由此我們得到線段 $OP =$ 線段 $OR = \frac{\sqrt{5}}{2}$。因此，我們最後得到：

$$\text{線段 } QP = \frac{1}{2} + \frac{\sqrt{5}}{2} = \varphi$$

此即為我們想要的「黃金分割」或黃金矩形的邊長。

歷史

關於黃金比例 φ 的主張有很多。一旦領略了它迷人的數學特質，就有可能在意想不到之處、甚至是在無形的地方見到它。更危險的是主張黃金比例先於工藝品的出現，認為音樂家、建築師和藝術家在創作時，心中已經擁有黃金比例。這樣的自負，被稱做「黃金數字主義」。在沒有其他證據的前提之下，就從數字發展出這些陳述，將會造成危險的爭議。

以雅典的巴特農神殿（Parthenon）為例。在建造神殿的那個時代，確實已經知道黃金比例，但並不代表巴特農神殿就是以此為基礎。的確，從巴特農神殿的正面來看，它的寬與高（包含三角眉飾）的比例是 1.74，很接近 1.618，但這樣就足以宣稱黃金比例是建築的動機嗎？有些人認為計算時應該拿掉三角眉飾，如果這麼做，那寬與高的比例實際上是整數 3。

盧卡・帕西奧利（Luca Pacioli）在他 1509 年出版的《神聖比例》（De divina proportione）中，發現神的特性與取決於 φ 的比例性質之間的關聯。他將此命名為「神聖比例」。帕西奧利是方濟各會（Franciscan）的修士，寫過極具影響力的數學書籍。有些人視他為「會計學之父」，因為他將威尼斯商人使用的複式簿記法普及。另一個讓他出名的原因是，他教過李奧納多・達文西（Leonardo da Vinci）數學。在文藝復興時期，黃金分割幾乎已經坐擁神聖奧秘的地位，天文學家約翰尼斯・克卜勒（Johannes Kepler）將黃金分割描述為數學的「珍貴寶石」。後來德國的實驗心理學家古斯塔夫・費希納（Gustav Fechner）測量了上千種的矩形（撲克牌、書、窗戶），發現最常出現的邊長比

例接近 φ。

勒‧科比意（Le Corbusier）深深著迷於將矩形視爲核心元素的建築設計，特別是黃金矩形。他最爲強調的就是和諧與秩序，並且在數學中找到這些。他透過數學家的雙眼來觀看建築。他的立論基礎之一是「調節器」系統，這是個比例的理論。實際上，這是產生一連串黃金矩形（他用於建築設計的形狀）的方法。勒‧科比意受到達文西的啓發，而達文西則是十分留意羅馬的建築師維特魯威（Vitruvius），這位建築師很重視在人體中找到的比例。

其他形狀

也有所謂的「超級黃金矩形」，作圖方式跟黃金矩形相似。

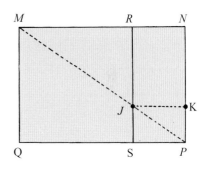

我們如何創造超級黃金矩形 MQPN 的過程如下。跟前面一樣，MQSR 是邊長爲 1 的正方形。連接對角線 MP，設線段 MP 與線段 RS 的交點爲 J。然後由 J 畫一條線段 JK 與線段 RN 平行，且 K 位於線段 NP 上。我們假設線段 RJ 的長度爲 y、線段 MN 的長度爲 x。對於任一矩形，$\dfrac{RJ}{MR} = \dfrac{NP}{MN}$（因爲三角形 MRJ 與三角形 MNP 爲相似三角形），因此 $\dfrac{y}{1} = \dfrac{1}{x}$，亦即 $xy = 1$，x 和 y 互爲「倒數」。若使矩形 RJKN 與原來的矩形 MQPN 成正比，亦即 $\dfrac{y}{x-1} = \dfrac{x}{1}$，我們就得到超級黃金矩形。利用 $xy = 1$，我們可以推斷，解出「三次」方程式 $x^3 = x^2 + 1$（顯然相似於等式 $x^2 = x + 1$，亦即決定黃金矩形的等式）就可以找到黃金矩形的長 x。此三次方程式有一個正實數解 ψ（我們用更標準的符號 ψ 來代替 x），它的值爲：

$$\psi = 1.46557123187676802665\cdots$$

這個數字跟牛隻數列（參見第 11 章）有關。雖然黃金矩形可以用直尺與圓規作圖，但超級黃金矩形就無法用這樣的方式做到。

重點概念
神聖比例的黃金矩形

13 巴斯卡三角形

數字系統是處理「有多少」這種概念的方法。在不同時期、不同文化，採行的方法也各有不同，從基本的「一、二、三、很多」到今日所使用高度精密的十進位制表示法都有。

數字 1 很重要，那麼 11 重要嗎？還有這些數字也很有趣，$11 \times 11 = 121$、$11 \times 11 \times 11 = 1331$，以及 $11 \times 11 \times 11 \times 11 = 14641$。我們把這些數字排一排會得到

$$11$$
$$121$$
$$1331$$
$$14641$$

這些是巴斯卡三角形的前幾排。然而，我們是從哪裡找到它的呢？

另外再把 $11^0 = 1$ 也放進去，第一件要做的事情是在數字間插入空格，這麼一來，14641 就成了 1 4 6 4 1（見左下巴斯卡三角形）。

巴斯卡三角形因為它的對稱（symmetry）及潛藏的關係，而在數學中相當知名。布萊茲・巴斯卡（Blaise Pascal）在 1653 年聲稱，認為自己不可能用一篇論文就涵蓋它。巴斯卡三角形與其他數學分支的許多關聯，使它成為了令人肅然起敬的數學主題，但它的起源可追溯到更久以前。事實上，巴斯卡並沒有發明這個以他為名的三角形，十三世紀的中國學者已經知道它的存在。

巴斯卡三角形是由上往下產生。從 1 開始，然後在下一排左右各放一個 1。若想構成更多排數字，我們就要繼續往下，在每排的兩端各放一個 1，而中間的數字則是由正上方的兩個數字相加取得。例如，要得到第五排的 6，我們就把它上一排的 3 + 3 即可。

```
        1
      1   1
    1   2   1
  1   3   3   1
 1  4   6   4  1
1  5  10  10  5  1
```

巴斯卡三角形

大事紀

西元前 約 500	西元 約 1070
梵文中有零散的證據證明巴斯卡三角形的存在	奧瑪・開儼 (Omar Khayyam) 發現三角形，有些國家的三角形是以他命名的

英國數學家哈代（G. H. Hardy）說過：「數學家跟畫家或詩人一樣，都是模式的製造者」，而巴斯卡三角形肯定具有模式。

與代數相連

巴斯卡三角形是建立在眞實的數學上。舉例來說，如果我們想解出 $(1 + x) \times (1 + x) \times (1 + x) = (1 + x)^3$，我們會得到 $1 + 3x + 3x^2 + x^3$。仔細瞧瞧你會看見，這個展開式中，符號前的數字，剛好跟巴斯卡三角形的對應排相符合。圖解如下：

$$
\begin{array}{cc}
(1 + x)^1 & 1 \\
(1 + x)^2 & 1 \quad 1 \\
(1 + x)^3 & 1 \quad 2 \quad 1 \\
(1 + x)^4 & 1 \quad 3 \quad 3 \quad 1 \\
(1 + x)^5 & 1 \quad 4 \quad 6 \quad 4 \quad 1 \\
(1 + x)^6 & 15 \quad 10 \quad 10 \quad 5 \quad 1 \\
\end{array}
$$

如果我們把巴斯卡三角形的任一排數字相加，我們永遠都會得到某個 2 的次方。例如第五排，$1 + 4 + 6 + 4 + 1 = 2^4$。如果我們把左邊那一列設為 $x = 1$，就可以得到這樣的答案。

性質

巴斯卡三角形第一且最明顯的性質是對稱。如果我們從中間畫一條垂直的線，三角形會出現「鏡像對稱」，亦即垂直線的左側會跟右側一模一樣。這讓我們得以討論「對角線」，因爲往東北的對角線會跟往西北的對角線數量相同。在由 1 組成的對角線下方，我們看到由數字 1、2、3、4、5、6……組成的對角線，再往下是三角形數字 1、3、6、10、15、21……（可組成三角形的點點數目）。而在這條對角線下方，我們得到四面體的數字 1、4、10、20、35、56……，這些數字對應到四面體（「三維的三角形」，如果你喜歡，也可以說是在不斷增大的三角形基底上放置的砲彈數量）。那麼「準對角線」又是如何呢？

巴斯卡三角形中的準對角線

西元 1303 朱世傑定義巴斯卡三角形，並演示如何計算某些數列的總和

西元 1664 巴斯卡有關三角形性質的論文，在他過世後被發表

西元 1714 萊布尼茲討論調和三角形

如果我們把穿過三角形的線（既非橫排、也不是真正的對角線）上面的數字相加，我們將得到數列 1、2、5、13、34、……，每個數字都是前一個數的三倍減去再前一個數。

例如，$34 = 3 \times 13 - 5$。基於這個原則，數列的下一個數會是 $3 \times 34 - 13 = 89$。我們漏掉了另一種「準對角線」，從 1 開始，下一個是 $1 + 2 = 3$，這使我們得到的數列為 <u>1</u>、<u>3</u>、<u>8</u>、<u>21</u>、<u>55</u>、……，這些數字也是由相同的「乘三倍再減一」規則產生。因此，我們可以產生數列的下一個數，亦即 $3 \times 55 - 21 = 144$。然而還不止於此，如果我們把這兩個「準對角線」數列互相交錯，我們會得到斐波那契數列：

1、<u>1</u>、2、<u>3</u>、5、<u>8</u>、13、<u>21</u>、34、<u>55</u>、89、<u>144</u>、……

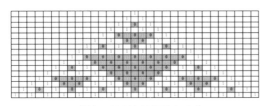

巴斯卡三角形中的偶數和奇數

西爾平斯基船帆

巴斯卡組合

巴斯卡數可以回答某些計數問題。請想想一個房間裡有 7 個人，各自的名字是 Alison、Catherine、Emma、Gary、John、Matthew 和 Thomas。如果 3 人為一組，會有多少種組合方法呢？一種選法是 A、C、E；另一種可能是 A、C、T。數學家找到一種很好的寫法 $C(n, r)$，以此表示巴斯卡三角形中第 n 排、第 r 個位置（從 $r = 0$ 開始數）的數字。我們這個問題的答案是 $C(7, 3)$。三角形的第 7 排、第 3 個位置的數字是 35。如果我們選擇一組 3 個人，自動就會選出一組「沒被選到」的 4 個人，由此也說明了 $C(7, 4) = 35$。一般而言，$C(n, r) = C(n, n - r)$，這是由巴斯卡三角形的鏡像對稱推斷而來。

0 和 1

在巴斯卡三角形中，我們看見內部的數字會依據他們是偶數或奇數而形成一個模式。如果我們用 1 取代奇數、用 0 取代偶數，我們得到的圖像，和名為「西爾平斯基船帆（Sierpiński gasket）」（參見第 25 章）的知名碎形有相同模式。

加入符號

我們可以用相應於 $(-1 + x)$ 的次方（亦即 $(-1 + x)^n$）寫出巴斯卡三角形。

在這種情況下，三角形就不是以垂直線為準的左右完全對稱，各排的數字和也不再是 2 的次方，而是相加總和為

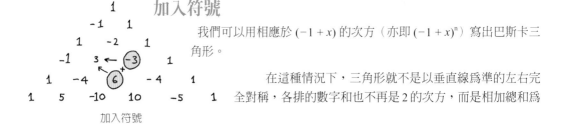

加入符號

0。然而，此處的對角線也很有趣。向西南的對角線 1、−1、1、−1、1、−1、1、−1……是以下展開式的各項係數：

$$(1+x)^{-1} = 1 - x + x^2 - x^3 + x^4 - x^5 + x^6 - x^7 + \cdots$$

而下一條對角線的各項則是以下展開式的係數：

$$(1+x)^{-2} = 1 - 2x + 3x^2 - 4x^3 + 5x^4 - 6x^5 + 7x^6 - 8x^7 + \cdots$$

萊布尼茲調和三角形

德國的博學家哥特佛萊德・萊布尼茲（Gottfried Leibniz）發現一組也是以三角形為基底的卓越數字。萊布尼茲的數字以垂直線為準的對稱關係，但與巴斯卡三角形不同之處在於，一排中的某個數字是由它下方的兩個數相加而得。例如，$\frac{1}{30} + \frac{1}{20} = \frac{1}{12}$。要作出這個三角形，我們可以從上開始、由左向右以減法進行：我們知道 $\frac{1}{12}$ 和 $\frac{1}{30}$，因此 $\frac{1}{12} - \frac{1}{30} = \frac{1}{20}$，這是 $\frac{1}{30}$ 旁邊的數字。或許你已經注意到外側的對角線是出名的調和級數：

萊布尼茲調和三角形

$$1 + \frac{1}{2} + \frac{1}{3} + \frac{1}{4} + \frac{1}{5} + \frac{1}{6} + \frac{1}{7} + \cdots$$

但第二條對角線被稱為萊布尼茲級數：

$$\frac{1}{1 \times 2} + \frac{1}{2 \times 3} + \cdots + \frac{1}{n \times (n+1)}$$

經過一些聰明的操作，結果會等於 $\frac{n}{n+1}$。就跟我們先前做過的一樣，我們可以把這些萊布尼茲數寫成 $B(n, r)$，以此表示第 r 排的第 n 個數字。這些數字跟普通的巴斯卡數 $C(n, r)$ 有以下公式的關係：

$$B(n, r) \times C(n, r) = \frac{1}{n+1}$$

過去有一首兒歌是這樣唱的：「膝蓋骨連接著大腿骨，大腿骨連接著臀骨」（the knee bone's connected to the thigh bone, and the thigh bone's connected to the hip bone，歌曲名稱為 Dem Bones）。巴斯卡三角形就是如此，它與數學的許多部分，如現代幾何學、組合學、代數等緊密連接。除此之外，它更是數學這行的典範——不斷地尋求模式與調和，以此增強我們對這門學科本身的理解。

重點概念
像數字噴泉的巴斯卡三角形

14 代數

代數是讓我們的問題獲得解決的獨特方法，是一種需要耍點花招的演繹法——「逆向思維」。花點時間仔細想想這個問題：我們有一個數是 25，把它加上 17 會得到 42。這樣的思考方式是順向思維。我們得到一些數字，只要把他們加在一起就好。但如果假設我們已知數字答案是 42，而被問到的卻是另一種問題呢？例如現在我們想知道，哪個數字加上 25 會得到 42。這時就需要用到逆向思維，我們想解出等式 $25 + x = 42$ 來推算 x 的值，而我們把 42 減去 25 就能得到那個值。

幾世紀以來，學童時期就已經會學到如何使用代數來解決文字問題：

我的姪女米雪兒今年 6 歲，而我今年 40 歲。何時我的年紀會是她的三倍？

我們可以慢慢用數字代入來找出答案，但使用代數法更省時。假設 x 年後米雪兒的年紀是 $6 + x$ 歲，而我會變成 $40 + x$ 歲。那時我的年紀是她的三倍：

$$3 \times (6 + x) = 40 + x$$

等式的左側展開後會得到 $18 + 3x = 40 + x$，將所有的 x 都移到等式的一側、數字移到另一側，我們發現 $2x = 22$，意思是 $x = 11$。也就是當我 51 歲時，米雪兒是 17 歲。這真是太神奇了！

如果我想知道何時我的年紀是她的兩倍，又該怎麼辦呢？我們可以用相同的方法，而這次的解法是：

$$2 \times (6 + x) = 40 + x$$

得到 $x = 28$。那時她 34 歲，而我則是 68 歲。

大事紀

西元前 1950	西元 250	西元 825
巴比倫人研究二次方程式	亞歷山卓的丟番圖（Diophantus）出版《算術》（*Arithmetica*）	我們在數學中使用的「代數（algebra）」，源自於花拉子米提出的「al-jabr」

上面這幾個等式都是最簡單的型式，我們稱之為「線性」方程式。這樣的等式中，沒有像是 x^2 或 x^3 這類的項，若有的話，就會讓方程式變得比較難解。具有像是 x^2 項的等式，被稱為「二次（quadratic）」方程式，而有 x^3 項的則是「三次（cubic）」方程式。過去，x^2 是用來表示一個正方形，因為正方形有「四邊」故以此稱之（「二次（quadratic）」中的 quad 有「四」的意思）；而 x^3 則是用立方體（cube）代表。

從算術的科學邁入符號或代數的科學，數學家歷經了一場重大的改變。從數字進展到字母是種心智的躍升，但這樣的努力相當值得。

起源

在西元九世紀，代數對於伊斯蘭學者的研究是意義重大的元素。花拉子米（Al-Khwarizmi）寫過一本數學教科書，裡面用到一個阿拉伯字 al-jabr。花拉子米根據線性和二次方程式來處理實際問題，由此他的「等式科學」讓我們有了「代數（algebra）」這個詞彙。之後，奧瑪·開儼以撰寫《魯拜集》（Rubaiyat）和永世流傳的詩句而聞名於世。

一壺美酒，一塊食糧，有你在我身旁，荒原盡情歌唱

西元 1070 年，當時二十二歲的他寫了本關於代數的書，並在其中探究三次方程式的解。

吉羅拉莫·卡爾達諾（Girolamo Cardano）於 1545 年發表數學方面的偉大研究，成為方程式理論的分水嶺，因為書中內含大量的三次方程式與四次方程式（具有 x^4 項的方程式）的結果。這股研究的熱潮，證明了二次、三次和四次方程式都可以由僅含 +、-、×、÷ 和 $\sqrt[q]{\ }$（意指 q 次方根）運算的公式來解根。

例如，二次方程式 $ax^2 + bx + c = 0$ 可用以下的公式來解：

跟義大利有關的故事

三次方程式的理論，在文藝復興時期充分地發展。遺憾的是，過程中出現一段給人不好印象的插曲。義大利數學家希皮奧內·德爾·費羅（Scipione Del Ferro）發現如何解出多種特化型的三次方程式，而有個威尼斯的老師尼科洛·豐坦納（Niccolò Fontana），人稱「塔爾塔利亞（Tartaglia）」或「口吃者」，聽聞此事，發表了自己有關代數的成果，但對於方法則保密到家。米蘭的吉羅拉莫·卡爾達諾說服塔爾塔利亞把方法告訴自己，但被要求必須發誓不能說出秘密。不過最後方法還是被洩漏出去，而當塔爾塔利亞發現自己的研究被發表在卡爾達諾於 1545 年出版的書《大技術》（Ars Magna）時，兩人之間就結下了樑子。

西元 1591

弗朗索瓦·韋達（François Viète）用字母表示已知數和未知數，並撰寫了一本數學教科書

西元 1920

埃米·諾特發表現代抽象代數發展的論文

西元 1930

巴特爾·範·德·瓦爾登（Bartel van der Waerden）出版他著名的《現代代數》（Modern Algebra）

$$x = \frac{-b \pm \sqrt{b^2 - 4ac}}{2a}$$

如果你想解出等式 $x^2 - 3x + 2 = 0$，你只需要把各個值代入其中：$a = 1$、$b = -3$ 和 $c = 2$ 即可得到 x。

解出三次和四次方程式的公式既長又複雜，但他們確實存在。讓數學家最感到困擾的是他們無法寫出一個公式，可以廣泛應用到內含 x^5（「五次（quintic）」方程式）的等式。五次方程式為何如此特別呢？

1826 年，早逝的尼爾斯 · 阿貝爾（Niels Abel）為五次方程式的難題想出卓越非凡的解答。事實上他證明了否定的概念，然而這幾乎可以說是比證明某件事能被做到還要困難。阿貝爾證明，不可能有公式能解出所有的五次方程式，他推斷對於這獨特的議題，任何進一步的探究都會徒勞無功。阿貝爾說服了頂尖的數學家，但經過很長一段時間，這個消息才慢慢傳入廣大的數學世界。有些數學家拒絕接受這樣的結果，到了十九世紀，仍有人持續地發表研究結果，宣稱已經找到那並不存在的公式。

近代世界

長達五百年的時間，代數的意義就等同於「方程式理論」，但是在十九世紀，這方面的發展有了新的轉機。人們領悟到代數裡的符號能代表的不僅止於數字，他們還可以代表「命題」，因此代數可以跟邏輯研究連上關係。他們甚至能代表更高維度的物件，像是在矩陣代數（參見第 39 章）裡找到的那些。此外，誠如許多非數學家長久以來的懷疑，他們確實也可以代表什麼都沒有，僅僅作為依據某些形式或規則到處移動的符號。

現代代數的重要事件發生在 1843 年，當時的愛爾蘭人威廉 · 哈密頓發現了四元數（quaternion）。哈密頓在尋找一個符號系統，可以將二維複數擴展到更高維度。他嘗試了三維符號多年，但沒有得出滿意的系統。每天早晨他下樓吃早餐的時候，他的兒子都會問他：「嗯……爸爸，你可以把三元數組（三維向量）相乘嗎？」而他回答是他只能把他們相加和相減。

成功無預警地到來。三維的追求是個死胡同，他早該想到用四維的符號。當他跟太太沿著皇家運河（Royal Canal）散步的時候，突然間靈光一閃。對於這項發現，他感到欣喜若狂。這個三十八歲的藝術破壞者，同時也是愛爾蘭的皇家天文學家與王國爵士，毫不遲疑地將定義關係刻在布魯穆橋（Brougham Bridge）的石頭上，現今已經用銘牌將此處標出。從這天起，這個主題深深地刻入哈密頓的心中，成為他一生執著的對象。他年復一年地演講相關議題，並且發表兩本關

於「向西漂移，四的神秘夢境」的巨作。

　　四元數有個不同於普通算術規則的特性，在他們相乘的時候，進行的順序極其重要。在 1844 年，德國語言學家暨數學家赫爾曼 · 格拉斯曼（Hermann Grassmann）發表另一個代數系統，這次的過程就沒那麼戲劇性。他的系統在當時被忽視，但後來證明它的影響深遠。今日，幾何學、物理學和電腦圖形學都有四元數和格拉斯曼代數的應用。

抽象代數

　　在二十世紀，代數的主導典範是公理法。歐幾里得已經把公理法用作幾何學的基礎，但直到近代才將它應用到代數。

　　埃米 · 諾特（Emmy Noether）是研究抽象代數的佼佼者。在這現代代數中，普遍的想法是研究結構，其中的個別範例屬於一般抽象概念。如果個別範例有相同的結構但或許記號不同，他們就被稱為同構。

　　最基本的代數結構是「群（group）」，由一列公理（axiom）（參見第 38 章）定義而成。有些結構的公理較少（例如群胚、半群和擬群），而有些結構的公理較多（像是環、反稱體、整數域和體）。這些新的詞彙都是在二十世紀初期引進數學，那時的代數本身轉變成抽象的科學，也就是今日所知的「現代代數」。

重點概念

代數就是解出未知數

15 歐幾里得演算法

花拉子米讓我們有了「代數」這個名詞，而他在九世紀出版的那本關於算術的書，則讓我們知道「演算法」這個詞彙。英文發音為「Al Gore rhythm」的演算法（algorithm），是個在數學中很有用的概念，對於電腦科學也是如此。不過 1 到底是什麼呢？如果我們可以回答這個問題，差不多就可以開始了解歐幾里得的除法演算。

首先，演算法是有慣例的程序。它有著一連串的指令，像是「你先做這個，然後再做那個」。我們可以理解為什麼電腦喜歡演算法，因為他們最懂得遵循指令，從來都不會走上歪路。有些數學家認為演算法很無趣，因為他們就是反覆、反覆又反覆。然而寫出演算法，再把它轉成數百條內含數學指令的電腦程式編碼，是一項了不起的成就。過程中有很大的風險，有可能會出現相當恐怖的錯誤。編寫演算法，是種很有創造性的挑戰。同一個作業，通常有好幾種演算法可行，需要選擇出最好的一種。有些演算法或許沒有「適得其用」；有些則可能因為它的曲折迂迴而完全無效；有些或許速度很快但會產生錯誤的答案。這就有點像是烹飪。如果你想烤隻有填料的火雞，你一定找得到上百種食譜（演算法）。進行這一年一度的重要工作，我們當然不會想用蹩腳的演算法。因此我們準備好原料，而且我們有指令。簡易版的食譜的一開始可能會是像這樣：

- 在火雞的肚子裡填滿填料；
- 用奶油塗布並按摩火雞的皮；
- 以鹽、胡椒和辣椒粉調味；
- 烤箱設定華氏 335 度，烘烤三個半小時；
- 將烤好的火雞靜置半個小時。

我們必須做的只有按步驟，一個接一個地依序完成演算法。這份食譜唯一遺

大事紀

西元前 約 300	西元 約 300	西元 810
歐幾里得演算法被發表在《幾何原本》第七卷中	孫子發現中國餘式定理	花拉子米在數學中引用「演算法」這個名詞

漏（通常在數學演算法中都會出現）的是迴圈，這是處理遞迴的工具。但我們不會希望火雞再烤一次。

　　我們在數學裡也有原料，就是數字。歐幾里得除法演算法是設計來計算最大公因數（greatest common divisor，寫作 gcd）。兩個整數的最大公因數，是可以把他們各自整除的最大數。我們選擇兩個數字 18 和 84，作為此次範例的原料。

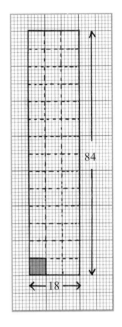

最大公因數

　　在我們的範例中，最大公因數是指可以同時整除 18 和 84 的最大數字。2 可以同時整除 18 和 84，但是 3 也可以。因此，6 也可以同時整除這兩個數。還有沒有更大的數可以整除他們呢？我們可以試試 9 或 18。測試過後，發現這些候選數字無法整除 84，因此 6 是可以整除兩者的最大數字。我們可以推論，6 是 18 和 84 的 gcd，寫法是 gcd(18, 84) = 6。

　　gcd 可用廚房壁磚來加以解釋。它是指在完全沒有切割的情況下，剛好可以貼滿長為 84、寬為 18 的矩形牆面之最大正方形磁磚的邊長。在這個例子中，我們可以看到 6×6 的磁磚可以做到這點。

　　最大公因數的英文表示方法還有 highest common factor 和 highest common divisor。另外還有一個相關的概念：最小公倍數（least common multiple，lcm）。18 和 84 的最小公倍數是可以同時被 18 和 84 整除的最小數字。lcm 和 gcd 之間最重要的關聯是，兩數的 lcm 乘上他們的 gcd 會等於兩數自己相乘。此處的 lcm(18, 84) = 252，而我們可以檢驗 6×252 = 1512 = 18×84。

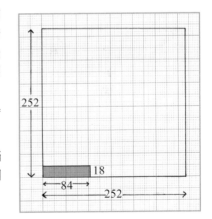

　　就幾何來看，lcm 代表可以用 18×84 的長方形磁磚貼滿最小正方形的邊長。因為 lcm(a, b) = ab÷gcd(a, b)，所以我們會將重點集中在尋找 gcd。我們已經計算出 gcd(18, 84) = 6，但要尋找前，我們必須知道 18 和 84 的所有因數。

西元 **1202**
斐波那契在《計算之書》發表關於同餘的研究

西元 **1970**
中國餘式定理被應用到訊息加密

　　再重述一次要點，我們先把兩個數各自分解成因數相乘：18 = 2×3×3 以及 84 = 2×2×3×7。然後兩相比較，發現兩者都有數字 2，2 能把兩者整除並且擁有最高次方。同樣的，3 是兩者共有，也是能整除兩者的最高次方。不過 7 可以整除 84 但是無法整除 18，因此 7 無法作為因數進入 gcd。由此我們推斷：2×3 = 6 是可以整除兩者的最大數字。試想，如果我們要找出的是 gcd(17640, 54054)，這樣的計算會多恐怖？首先我們必須將這些數做因數分解，然而這樣也只是開始，一定會有比較簡單的方法可行。

演算法

　　這裡有個更好的方法。在《幾何原本》第七卷、第九個命題提出歐幾里得演算法：「假設有兩個不是互質的數，請找出他們的最大公因數。」

　　歐幾里得提出的演算法效益極高，可用簡單的除法有效取代尋找因數的繁複過程。以下是它的運作方式。

　　目標是計算 $d = gcd(18, 84)$。我們先從 84 除以 18 開始。這樣無法整除，但我們得到 4，剩下 12（餘數）：

$$84 = 4 \times 18 + 12$$

　　既然 d 一定能整除 84 和 18，所以它必須能除盡餘數 12。因此，$d = gcd(12, 18)$。所以現在我們可以重複這個過程，將 18 除以 12：

$$18 = 1 \times 12 + 6$$

　　得到餘數 6，因此 $d = gcd(6, 12)$。將 12 除以 6，得到的餘數為 0，因此 $d = gcd(0, 6)$。由於 6 是同時整除 0 和 6 的最大數字，所以我們的答案就是 6。

　　如果計算 $d = gcd(17640, 54054)$，依序的餘數是 1134、630、504、126 和 0，所以我們得到 $d = 126$。

gcd 的功用

　　gcd 可用於如何解出答案必須為整數的方程式。這樣的方程式稱為「丟番圖方程（Diophantine equation，又名「不定方程」）」，是以古希臘數學家亞歷山卓的丟番圖（Diophantus）命名。

　　想像一下，姑婆克莉絲汀要去巴貝多（Barbados）度假。她派管家約翰把好幾箱行李送到機場，管家得知每箱行李的重量不是 18 公斤、就是 84 公斤，而托運的行李總重量是 652 公斤。

當約翰回到家的時候，他那九歲兒子詹姆斯大聲喊說：「這樣不對，因為最大公因數（gcd）6 不能整除 652。」並且指出，正確的總重量實際上應該是 652 公斤。

詹姆斯知道，方程式 $18x + 84y = c$ 有整數解，若且唯若 gcd 6 能整除數字 c。$c = 652$ 並不符合，但 $c = 642$ 就行得通。詹姆斯甚至不需要知道克莉絲汀打算帶到巴貝多的不同重量行李各有多少箱（x 和 y）。

中國餘式定理

當兩數的 gcd 為 1 時，我們會說他們「互質」。他們自己本身不需要是質數，但對於彼此沒有除了 1 以外的因數，例如 $gcd(6, 35) = 1$，不過 6 和 35 都不是質數。我們需要先知道這點，才能介紹中國餘式定理。

讓我們來看看另一個問題：安格斯並不知道自己有多少瓶酒，但是當他把酒兩兩配對時，結果會多了一瓶。當他把酒一排五瓶地放在酒架上時，會有三瓶剩下。那他到底有多少瓶酒呢？我們知道，這個瓶數除以 2 會得到餘數 1，而除以 5 則得到餘數 3。第一種情況讓我們得以排除所有的偶數。沿著奇數一個個找，我們很快地發現 13 符合情境需求（我們可以有把握地假設安格斯的酒超過 3 瓶，這也是滿足條件的瓶數）。然而還有其他數字也可能正確，事實上，整個數列會像是這樣：13、23、33、43、53、63、73、83、……。

現在讓我們加上另外一個條件：酒瓶數量除以 7 會得到餘數 3（7 瓶裝一箱會多出 3 瓶）。沿著數列 13、23、33、43、53、63、……來加以考慮，我們發現 73 符合要求，但注意到 143 也符合，而 213 以及這些數字加上 70 的倍數所得到的任何數字也都符合。

用數學的術語來說，我們已經找到中國餘式定理肯定的解答，這也告訴我們任兩個解相差 $2 \times 5 \times 7 = 70$。如果安格斯有 150 到 250 瓶酒，那解答確定會是 213 瓶。對於在西元三世紀就發現的定理來說，算是非常厲害了。

重點概念
餘式定理讓我們通往最大公因數

16 邏輯

「如果路上的車子變得較少，污染將可以被接受。我們可以讓路上的車子變少或實施道路收費，亦或是兩者皆做。如果實施道路收費，夏天將會變得相當酷熱。但實際上夏天正變得相當涼爽。所以得到結論是：污染是可以接受的。」

這個出自日報社論的論證是否「有效」？又或者它是不合邏輯的呢？我們對於這件事作為道路交通政策是否合理，或它是否為一篇好的新聞報導，並沒有多大的興趣。我們感興趣的只有它作為理性論證的有效性。邏輯可以幫助我們判定這個問題，因為它跟嚴謹的推理檢驗有關。

兩個前提和結論

若按照報紙的這段文字，實在太過複雜。我們先來看看比較簡單的論證，這要遠溯及希臘哲學家斯塔基拉（Stagira）的亞里斯多德（Aristotle）（被譽為邏輯學之父）。他的方法是基於不同型式的三段論調：兩個前提和一個結論。舉例如下：

> 所有的小獵犬都是狗
> 所有的狗都是動物
> ————————————
> 所有的小獵犬都是動物

在橫線之上，我們有前提，而在線條下方則是結論。在這個範例中，無論我們把「小獵犬」、「狗」和「動物」這些詞彙附加任何意義，結論都有一定的必然性。相同的三段論，但使用不同的詞彙：

大事紀

西元前 約 335	西元 1847	西元 1910
亞里斯多德將邏輯三段論形式化	布爾發表《邏輯的數學分析》（*The Mathematical Analysis of Logic*）	羅素和懷海德（Whitehead）試圖把數學歸納到邏輯學

$$所有的蘋果都是柳橙$$
$$所有的柳橙都是香蕉$$
$$所有的蘋果都是香蕉$$

在這個例子中,如果我們使用這些詞彙的一般內涵,個別陳述都明顯地荒謬沒有意義。然而,這兩個三段論的例子都有相同的結構,就是這結構讓三段論有效。完全不可能找到以下 A、B 和 C 結構的例子:前提為真,但結論卻是假。這就是為什麼有效論證有用。

如果我們改變量詞像是「所有」、「有些」和「沒有」(例如,沒有 A 是 B),就可能有不同樣式的三段論。例如:另一個三段論會是:

$$有些 A 是 B$$
$$有些 B 是 C$$
$$有些 A 是 C$$

所有 A 都是 B
所有 B 都是 C
所有 A 都是 C
有效論證

這是個有效論證嗎?它是否能應用到所有的 A、B 和 C 例子,或是否有反例偷偷躲在裡面,也就是前提為真、但結論為假的例子?如果我們讓 A 是小獵犬、B 是棕色物體和 C 是桌子,那又會怎麼樣呢?下列的例子具有說服力嗎?

$$有些小獵犬是棕色的$$
$$有些棕色物體是桌子$$
$$有些小獵犬是桌子$$

我們的反例顯示出這個三段論並不是有效的。不同類型的三段論可說是多的不得了,中世紀的學者還為此創造記憶法來協助記憶他們。我們的第一個例子可稱為 BARBARA,因為它內含使用三次的「所有(All)」。這些分析論證的方法延續了兩千多年,在中世紀大學院校的大學課程中占有重要地位。亞里斯多德的邏輯(三段論)在進入十九世紀時,被認為是完美的科學。

命題邏輯

另一種邏輯類型比三段論更進一步。它處理命題或簡單陳述,以及兩者的組合。若要分析報紙社論,我們需要這個「命題邏輯」的一些知識。由於喬治·

西元 1965
拉特飛·扎德(Lofti Zadeh)發展模糊邏輯

西元 1987
日本的地下鐵系統是以模糊邏輯為基礎

a	b	a ∨ b
T	T	T
T	F	T
F	T	T
F	F	F

「或」真值表

a	b	a ∧ b
T	T	T
T	F	F
F	T	F
F	F	F

「與」真值表

a	¬a
T	F
F	T

「非」真值表

a	b	a → b
T	T	T
T	F	F
F	T	T
F	F	T

「蘊涵」真值表

布爾（George Boole）意識到可將它視爲一種新的代數類型，所以過去曾稱之爲「邏輯代數」，由此我們也對它的結構有了點頭緒。

在一八四○年代，像布爾和奧古斯塔斯 · 德摩根（Augustus De Morgan）這類的數學家，對於邏輯方面的研究有重大的進展。

讓我們來嘗試一下，仔細想想命題 a，其中 a 代表的是「弗來迪是隻小獵犬」。命題 a 可能是「眞」或「假」。如果我正想著我那確實是隻小獵犬且名叫弗來迪的狗，那麼這個陳述爲眞（T），但如果我在想的是把這個陳述用到我那也叫弗來迪的表哥身上，那麼這個陳述爲假（F）。一個命題的眞或假，取決於它的參照對象。

如果我們有另一個命題 b，像是「埃塞爾是隻貓」，那麼我們可以用幾種方法來組合這兩個命題。其中一種組合可寫作 a ∨ b。中間連接的 ∨ 相當於「或」，但它在邏輯裡的用法跟日常用語的「或」稍有不同。在邏輯中，如果「弗來迪是隻小獵犬」爲眞或「埃塞爾是隻貓」爲眞，或是兩者皆爲眞，那麼 a ∨ b 爲眞；只有當 a 和 b 兩者皆爲假時才爲假。命題的連接，可以用眞值表總括概述。

我們也可以用「與」（寫法是 a ∧ b）和「非」（寫法是 ¬a）來組合命題。當我們使用複合的連接詞來組合命題 a、b 和 c 時（例如 a ∧ (b ∨ c)），邏輯代數就變得更爲清楚。我們可以獲得我們稱之爲「同一性」的等式：

$$a \land (b \lor c) \equiv (a \land b) \lor (a \lor c)$$

符號「≡」意指邏輯陳述之間等價，等價的兩邊有相同的眞值表。邏輯代數和一般代數間有著相似之處，因爲符號 ∨ 和 ∧ 的作用類似於一般代數的 × 和 +，像在一般代數裡我們有 $x \times (y + z) = (x \times y) + (x \times z)$。然而，相似之處並不代表完全一樣。

其他的邏輯連接詞可以根據這些基本的連接詞來定義。另一個重要定義是「蘊含」（寫法是 a → b，等價於 ¬a ∨ b），其眞值表如下所示。

現在，如果我們再看一次報紙社論，我們可以用符號的形式寫出內容並提出論證。

C = 路上的車子（**C**ar）較少
P = 污染（**P**ollution）將可被接受
S = 應該有道路收費方案（**S**cheme）
H = 夏天將酷熱（**H**ot）難耐

這個論證是否有效？我們先假設結論 P 為假，但所有的前提為真。如果我們能證明，這樣會推出矛盾，就代表論證必定有效。既然如此，不可能出現前提為真，但結論為假。如果 P 為假，那麼從第一個前提 C → P 中，C 必定為假。因為 C ∨ S 為真，C 為假這個事實意指 S 為真。從第三個命題 S → H 中，這表示 H 為真。也就是說，¬H 為假。這點與「¬H 假定為真」（最後一個命題）的事實互相矛盾。因此，報紙社論的陳述內容或許仍有爭議，但論證的結構為有效的。

$$C \to P$$
$$C \lor S$$
$$S \to H$$
$$\neg H$$
$$\overline{}$$
$$P$$

其他邏輯

戈特洛布 · 弗雷格（Gottlob Frege）、查爾斯 · 桑德斯 · 皮爾士（C. S. Peirce）和恩斯特 · 胥洛德（Ernst Schröder）將量化引進命題邏輯，建構了「一階謂詞邏輯」（因為它根據變量闡述）。這種邏輯使用全稱量詞 ∀，意指「對於所有」，以及存在量詞 ∃，意指「存在」。

邏輯的另一個新發展是模糊邏輯的概念。這會使人聯想到思考混亂，但它其實與擴展傳統的邏輯界限相關。傳統邏輯根據的是聚集或集合。因此，我們有小獵犬的集合、狗的集合，以及棕色物體的集合。我們很確定什麼在集合裡，以及什麼不在集合裡。如果我們在公園遇到純種的羅得西亞脊背犬，我們會十分確定牠不是小獵犬集合裡的成員。

模糊集合論處理看似是無法嚴格被定義的集合。假如我們有更大的小獵犬集合又是如何呢？小獵犬必須要多大才能包含在集合裡呢？在模糊集合中，成員資格和界限是漸變的，所以什麼在裡面、什麼在外面就處於模糊狀態。數學允許我們精確地說明模糊。邏輯絕對不是枯燥的主題。從亞里斯多德開始一路向前，時至今日，邏輯已經成為一個在現代研究和應用上相當活躍的領域。

∨	或
∧	與
¬	非
→	蘊涵
∀	對於所有
∃	存在

重點概念
清楚條列推理過程

17 證明

數學家試圖用證明來為自己的主張辯駁。追求硬梆梆的理論，是驅動理論數學的強大助力。從已知或假設事項衍生的一連串正確演繹，讓數學家能導出結論，然後再將它帶入既有的數學寶庫。

要做成證明並不是件易事，通常要經過相當多次的探索和錯誤嘗試後才能成功。努力奮鬥進而提出證明，占據著數學家生活的重要位置。有著數學家對此的真實性認證，並且將確立的定理跟猜想、好點子或初始假想加以區分才是成功的證明。

優質證明追求的是精確嚴謹、清楚透明，以及盡可能的優雅。除此之外，還要加上洞察。好的證明「能讓我們更有智慧」，但有若干證明也比完全沒有證明好些。發展若立基在未經證明的事實，就會造成理論建立在數學流沙上的可能性，隨時有崩塌的危險。

一個證明並不會永世流存，跟它有關的概念若有了新的發展，或許就必須加以修訂。

什麼是證明？

當你讀到或聽到關於數學的結果時，你會相信它嗎？是什麼讓你決定相信它呢？其中一個答案可能是這個論證聽來符合邏輯，也就是從你接受的想法到你想知道的陳述，過程有邏輯性。那就是數學家所謂的「證明」，常見的形式為日常用語和嚴謹邏輯的混合。根據證明的品質，決定你是被說服或繼續保持懷疑。

數學裡用到的主要證明類型有：反例法、直接法、間接法以及數學歸納法。

大事紀

西元前 約 300	西元 1637	西元 1838
歐幾里得的《幾何原本》提出數學證明的模型	笛卡兒在他的《方法導論》（*Discourse on Method*）中促使數學的精確嚴謹成為典範	德摩根提出「數學歸納」這個名詞

反例

讓我們先從懷疑開始，這是一種證明「陳述有誤」的方法。我們會採用具體的陳述作為範例。假設你聽到一個主張，聲稱任何數字乘上自己結果都會是偶數。你相信這個說法嗎？在直接回答之前，我們應該先試試幾個例子。如果我們有一個數字，假定是 6，與自己相乘的結果是 6×6 = 36，我們發現 36 確實是偶數。但是不能單以一個例子就下定論。主張提到的是「任何」數字，而這樣的數字有無限多個。為了對問題更有感觸，我們應該再嘗試更多的範例。例如我們可以試一試 9，我們發現 9×9 = 81，不過 81 是奇數。這個結果表示：「所有數字自我相乘的結果都得到偶數」的陳述為假。這樣的例子違反原始的主張，因而被稱為反例（counterexample）。「所有的天鵝都是白的」，此一主張的反例是看見一隻黑色的天鵝。數學有部分樂趣就在於找出反例，將未來可能的定理加以推翻。

如果無法找出反例，我們或許會覺得這個陳述是正確的。那麼數學家就必須玩玩不同的遊戲。一個證明必須被建構而成，最直接了當的類型就是直接證明法。

直接法

在直接（證明）法中，我們用邏輯論證，從已經確立、或被假設的東西直接往結論邁步前行。如果我們可以做到這點，就可以產生一個定理。我們無法證明任何數字乘上自己都會導出偶數，因為我們已經得到反證。但我們或許能夠挽救些什麼。我們的第一個例子 6 和反例 9 之間的差異是，第一個數是偶數而反例則是奇數。我們能做的是改變假設，我們的新陳述是：如果我們將一個偶數乘上自己，結果會是偶數。

我們先嘗試一些其他的數字例子，我們發現這個陳述每次都得到證實，而我們就是無法找到反例。我們改變途徑試著加以證明，但我們該如何開始呢？我們可以從普通的偶數 n 開始，因為這看來有點抽象，所以我們藉由探究具體的數字（例如 6）來了解證明如何進行。誠如你所知，偶數是 2 的倍數，亦即 6 = 2×3。因為 6×6 = 6 + 6 + 6 + 6 + 6 + 6，另一種寫法是 6×6 = 2×3 + 2×3 + 2×3 + 2×3 + 2×3 + 2×3，或利用括弧可以寫成：

$$6×6 = 2×(3 + 3 + 3 + 3 + 3 + 3)$$

西元 1967

畢曉普（Bishop）僅用構成法證明結果

西元 1976

拉卡托什・伊姆雷（Imre Lakatos）發表影響深遠的《證明與反駁》（*Proofs and Refutations*）

這表示 6×6 是 2 的倍數，正因如此，所以 6×6 也是偶數。不過在這個論證裡，6 沒有什麼特別之處，所以我們應該用 $n = 2 \times k$ 來開始，這樣會得到：

$$n \times n = 2 \times (k + k + ... + k)$$

並推論 $n \times n$ 是偶數。現在，我們的證明已經完整。在翻譯歐幾里得的《幾何原本》時，近代的數學家會在證明的結尾寫上「QED」來表明完成工作，這是拉丁文 *quod erat demonstrandum*（意思是證明完畢）的縮寫。現今，數學家使用實心黑色方形■（或空心方形□）來表示。這個叫做「哈爾莫斯（Halmos）」，是以提出它的保羅・哈爾莫斯（Paul Halmos）命名。

間接法

在間接（證明）法中，我們假裝結論為假，藉由邏輯論證，證明與假設矛盾。我們現在用這個方法來證明先前的結果。

我們的假設為 n 是偶數且我們假裝 $n \times n$ 是奇數。我們可以寫成 $n \times n = n + n + \cdots + n$，其中有 n 個。這表示 n 不可能是偶數（因為如果它是偶數，$n \times n$ 就會是偶數）。因此，n 是奇數，與我們的假設矛盾。■

這實際上只是個平淡的間接證明形式。最強而有力的間接證明，是知名的歸謬法（reduction to the absurd），此一方法相當受到希臘人的喜愛。在雅典的學院裡，蘇格拉底（Socrates）和柏拉圖（Plato）很愛用歸謬法來證明，他們辯論的方法是，將對手陷在矛盾的網中，至於如何掙脫就會是他們試著要證明的重點。「2 的平方根是無理數」的經典證明是其中之一，我們從假設「2 的平方根是有理數」開始，推導出與此假設的矛盾。

數學歸納法

數學歸納是證明一系列陳述 P_1、P_2、P_3、…全都為真的一種有力方法。這是由奧古斯塔斯・德摩根在 1830 年代將這個數百年來一直為人所知的方法形式化。這個特殊技巧（不要跟科學歸納法搞混）被廣泛用在證明涉及整數的陳述。一般而言，它在圖論、數論和電腦科學中特別有用。舉個實際的例子，讓我們想一想奇數相加的問題。例如，前三個奇數相加 $1 + 3 + 5 = 9$，而前四個奇數的總和是 $1 + 3 + 5 + 7 = 16$。現在，9 等於 $3 \times 3 = 3^2$ 而 16 $= 4 \times 4 = 4^2$，既然如此，我們是否能說前 n 個奇數相加的數會等於 n^2 呢？如果我們試著隨機選擇 n 的值，例如 $n = 7$，我們確實發現前七個奇數相加是 $1 + 3 + 5 + 7 + 9 + 11 + 13 = 49$，等於 7^2。

但「所有」的 n 值都遵循這個模式嗎？我們該怎麼確定呢？我們會遇到一個問題，因為我們無法一個個檢查無限多的例子。

這就是數學歸納法可以大展身手的地方。非正式的說，這是種骨牌證明法。就像是站成一排的骨牌。如果一個骨牌倒下，它會把下一個骨牌推倒。對此應該不用多做解釋。我們若想把所有的骨牌推倒，只需要讓第一個骨牌倒下。我們可以把這個想法應用到奇數問題。陳述 P_n 說道，前 n 個奇數的總和等於 n^2。數學歸納法設立一個連鎖反應，藉此 P_1、P_2、P_3、……全都為真。因為 $1 = 1^2$，所以陳述 P_1 為真。接下來，P_2 為真，因為 $1 + 3 = 1^2 + 3 = 2^2$；P_3 為真，因為 $1 + 3 + 5 = 2^2 + 5 = 3^2$；且 P_4 為真，因為 $1 + 3 + 5 + 7 = 3^2 + 7 = 4^2$。我們利用一個階段的結果跳到下一個階段的結果。將這個過程形式化，就能架構出數學歸納法。

證明的困難

證明有各式各樣的風格與分量。有些證明簡短又乾脆，特別是出現在教科書裡的那些。其他有些則詳述最新的研究，滿滿占據著一整本期刊，數量多達好幾千頁。對於這些證明，很少有人能完全通曉全部的論證。

另外也有基本的爭議。舉例來說，少數的數學家並不滿意將間接證明的歸謬法應用到存在的證明。如果「方程式的解並不存在」這樣的假設導向矛盾，是否足以證明確實有解的存在呢？反對這個證明法的人主張，邏輯只不過是個巧妙戲法，不會告訴我們實際上該如何構成一個具體的解。這些人被稱為（不同程度的）「構成主義者（constructivists）」，他們認為該證明方法不能提供「數值的意義」。而對於那些將歸謬法視為數學兵工廠裡必要武器的傳統數學家，他們向來是嗤之以鼻。另一方面，更傳統的數學家或許會說，限制這類型的論證，就好像是把一隻手綁在背後做事，此外，若將曾以間接法證明的如此多結果加以否認，就會讓數學這張掛毯看起來相當地破爛不堪。

重點概念

證明像是簽署、認可

18 集合

尼古拉 · 布爾巴基（Nicolas Bourbaki）是法國學者所選出的一群數學家的共同筆名，他們希望「以正確的方式」從上到下重寫整個數學。他們大膽的主張是：「萬事萬物都需要奠基於集合論，並以公理法為其中心」，而他們出版的書籍則以「定義、定理和證明」的嚴謹風格撰寫。這也推動了 1960 年代的現代數學運動。

格奧爾格 · 康托爾渴望將實數論建立在穩健的基礎上，因而創立了集合論。儘管最初有些偏見和批評，但集合論還是在進入二十世紀之初，成為數學的一個分支。

什麼是集合？

集合或許可以被視為一組物體的聚集。這樣的說法雖然並不正式，但能讓我們有個主要的概念。物體本身稱為集合的「元素」或「成員」。如果我們要把一個有成員 a 的集合 A 寫出來，我們可以寫成 a∈A，康托爾就是這麼寫的。一個例子是 A = {1, 2, 3, 4, 5}，我們可以將 1 的成員身分表示成 1∈A（1 屬於 A），而非成員身分則是這樣表示，如 6∉A（6 不屬於 A）。

集合可用兩種重要的方式結合。如果 A 和 B 是兩個集合，那麼由 A 或 B（或兩者）的成員組成的集合，就叫做兩個集合的「聯集（union）」。數學家將之寫成 A∪B，也可以用文氏圖（Venn diagram，也常稱為范式圖）來描述，這是以維多利亞時代的邏輯學家約翰 · 維恩（John Venn）命名。歐拉在更早以前，就曾使用過類似這樣的圖。

集合 A∩B 的組成元素是 A 和 B 的成員，稱之為兩個集合的「交集（intersection）」。

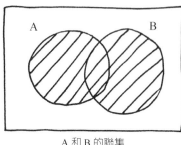

A 和 B 的聯集

大事紀

西元 1872	西元 1881	西元 1931
康托爾為集合論的創造邁出試驗性的一步	約翰 · 維恩將用於集合的「文氏圖」普及化	哥德爾證明任何形式公理的數學系統都包含不可判定的陳述

如果 A = {1, 2, 3, 4, 5} 且 B = {1, 3, 5, 7, 10, 21}，那麼聯集 A∪B = {1, 2, 3, 4, 5, 7, 10, 21}，而交集 A∩B = {1, 3, 5}。如果我們將集合 A 視爲宇集合 E 的部分，那我們可以將餘集合 ¬A 定義爲屬於 E 但不屬於 A 的元素所組成。

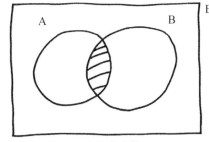

A 和 B 的交集

集合的運算符號 ∩ 和 ∪ 可類比爲代數裡的 × 和 +。連同運算符號 ¬，我們就有了「集合代數」。印度出生的英國數學家奧古斯塔斯・德摩根以公式化的定律演示這三個運算符號如何一起運作。德摩根定律用現代的記號表示：

$$\neg (A \cup B) = (\neg A) \cap (\neg B)$$

且

$$\neg (A \cap B) = (\neg A) \cup (\neg B)$$

悖論

處理有限集合並沒有什麼問題，因爲我們可以列出他們的元素，像是 A = {1, 2, 3, 4, 5}，但是在康托爾的時代，無限集合更是充滿挑戰。

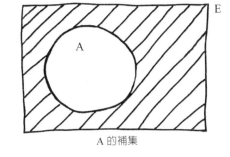

A 的補集

康托爾將集合定義爲一組有特定性質的元素聚集。想一想集合 {11, 12, 13, 14, 15,…}，所有的整數都大於 10。因爲集合是無限的，我們無法將所有元素都寫出來，但我們仍然可以具體說明，因爲它的所有成員有共同的性質。效仿康托爾的作法，我們可以將集合寫成 A = {x: x 是大於 10 的整數 }，其中的冒號（:）代表「使得」。

在原始的集合論中，我們也可以有抽象的集合，A = {x: x 是抽象的東西 }。在這個範例中，A 本身是抽象的，因此可能有 A ∈ A。但若是允許這樣的關係存在，就會產生嚴重的問題。英國哲學家伯特蘭・羅素（Bertrand Russell）偶然出現這樣的想法：集合 S 內含所有東西但不包含自己。以符號表示爲 S = {x: $x \notin x$ }。

接著他問了一個問題：「S ∈ S，對嗎？」如果答案為「是」，那麼 S 必須滿足對於 S 的定義句子，因此 S ∉ S，另一方面，若答案為「否」，則 S ∉ S，那麼 S 就不滿足 S = {x: x ∉ x} 的定義關係，因此 S ∈ S。羅素的問題以這句陳述作結，此為羅素悖論的基礎：

$$S ∈ S \text{ 若且唯若 } S ∉ S$$

這是否相似於「理髮師悖論」，就是說有個村裡的理髮師跟當地人宣布，他只幫那些不自己修面的人修面。問題出現了：「理髮師應該幫自己修面嗎？」如果他沒有自己修面，他應該要幫自己修面。如果他自己修面，那他不應該幫自己修面。

有必要避免這樣的悖論，委婉的說法是「二律背反」（指兩種理論各自成立但卻互相矛盾的現象）。對數學家而言，完全無法允許有個系統會產生矛盾。羅素創造了類型論，只有在 a 是屬於比 A 低的類型時，允許 a ∈ A，這樣就能避免像 S ∈ S 這樣的表示。

避免這些二律背反（悖論）另一種方法是將集合論形式化。在這樣的方法中，我們不用擔心集合自身的本質，而是列出形式化的公理，也就是決定如何處理他們的具體規則。希臘人嘗試類似的某些作法來解決他們自己的問題，他們不必解釋直線是什麼，只需要說明應該如何處理他們。

而在集合論的例子中，這就是用於集合論的策梅洛─弗蘭克爾（Zermelo-Fraenkel）公理的起源，它是在防止系統裡的集合看起來「太大」。這有效地防堵這樣危險的產物以集合的形式出現在任何集合中。

哥德爾定理

奧地利數學家庫爾特 · 哥德爾（Kurt Gödel）給予想從悖論逃到形式公理系統的那些人一記痛擊。在 1931 年，哥德爾證明即便是最簡單的形式系統，都有些陳述的真或假無法從這些系統中演繹而出。若用口語來說，就是有些陳述是系統的公理無法觸及的，他們是不可判定的陳述。因為這個理由，哥德爾的定理被釋義為「不完備定理」。這樣的結果，被應用到策梅洛─弗蘭克爾系統以及其他系統。

基數

有限集合的數字元素很容易計算，例如 A = {1, 2, 3, 4, 5} 有五個元素，或者說它的「基數」是 5，寫法是 card(A) = 5。簡單地說，基數是測量一個集合「大小」的數。

根據康托爾的集合論，分數集合 Q 和實數集合 R 非常不同。集合 Q 可以被寫成一個列表，但集合 R 無法這麼做（參見第 7 章）。雖然兩個集合都是無限的，但集合 R 比集合 Q 有「更高階的無限」。數學家用符號 $\aleph_0$ 來表示 $card(Q)$（$\aleph_0$ 是希伯來文的 aleph nought），而 $card(R) = c$。所以這表示 $\aleph_0 < c$。

連續統假設

康托爾在 1878 年將連續統假設公諸於世，這個假設是說，在集合 Q 的無限之後是實數 c 的無限。換句話說，連續統假設主張，沒有一個集合的基數絕對落在 $\aleph_0$ 和 c 之間。康托爾在這方面奮力掙扎，儘管他相信這是真的，但他卻無法證明。若要反證這點，需要找到集合 R 的一個子集 X 是 $\aleph_0 < card(X) < c$，不過他也無法做到這點。

這個問題重要到德國數學家大衛 ‧ 希爾伯特（David Hilbert）在 1900 年於巴黎召開的國際數學家大會（International Mathematical Congress）中，將「連續統是否成立」放在下個世紀重要的 23 個未解決問題的首位。

哥德爾顯然相信此一假設為假，但他也無法證實。他在 1938 年的確證實，就集合論而言，這個假設與策梅洛—弗蘭克爾公理相容。二十五年過後，保羅 ‧ 寇恩（Paul Cohen）證明連續統假設無法由策梅洛—弗蘭克爾公理演繹而出，這讓哥德爾與邏輯學家們大為震驚。因為這等同於證明公理和假設的否定是一致的。寇恩結合哥德爾在 1938 年的結果，證明了就集合論而言，連續統假設獨立於其餘的公理。

這樣的情況，本質上跟幾何學中的平行公設（參見第 27 章）獨立於歐幾里得的其他公理相類似。這個發現，讓非歐幾里得幾何（簡稱非歐幾何）得以興盛發展，而非歐幾何讓愛因斯坦（Einstein）的相對論進展成為可能。按照同樣的方式，連續統假設可以在不被其他集合理論干擾下被接受或被拒絕。在寇恩提出這樣開創性的結果之後，有個全新的領域被創造出來，吸引著歷代的數學家們採取寇恩用來證明連續統假設的獨立性的技術。

重點概念
將多個視為一個

19 微積分

微積分是一種計算（calculating）方法，因此數學家有時會談論「邏輯的計算法（calculus of logic）」和「機率的計算法（calculus of probability）」等等。然而所有人都一致同意，實際上只有一個單純而簡單的「微積分（Calculus）」，英文拼法是字首為大寫字母 C。

　　微積分是數學的核心基礎。它的應用如此之廣，對於現今的科學家、工程師或數量經濟學家，可說是沒有人未曾遇到過微積分。從歷史的角度來看，它跟艾薩克·牛頓和哥特佛萊德·萊布尼茲有關，這兩位是十七世紀在這方面的先驅。他們相似的理論，引發了一場誰先發現微積分的爭論。事實上，他們兩人都獨自推導出結論，然而方法相當不同。

　　從那時起，微積分成為一門重大學科。各個世代的數學家都會為此添上他們認為年輕一代應該學習的技術，因而現今的教科書動輒超過千頁並涵蓋許多的附加項目。在所有的附加項目中，絕對不可或缺的是微分（differentiation）和積分（integration），他們是牛頓和萊布尼茲所創立的兩個微積分巔峰。這兩個名詞是衍生自萊布尼茲的 *differentialis*（分解或「拆開」）以及 *integralis*（部分的總和或「相合」）。

　　以技術的語言來說，微分與測量「變化」有關，而積分則是跟測量「面積」有關，然而微積分能如此引人注目，是他們一體兩面的出色結果：微分與積分是互為可逆的計算法。微積分是真正的一門學科，因而你必須同時了解這兩面。無怪乎吉爾伯特（Gilbert）和沙利文（Sullivan）在喜劇《班戰斯的海盜》（*Pirates of Penzance*）的〈現代少將的真正典範〉（*very model of a modern Major General*）這首歌中，驕傲地頌揚他們兩個：

With many cheerful facts about the square of the hypotenuse.

還有很多關於斜邊平方的歡樂事實。

西元前 約 450	西元 1660～1670	西元 1734
季諾（Zeno）用一個悖論揶揄了無限小	牛頓和萊布尼茲邁出微積分的第一步	貝克萊引起對根本弱點的注意

I'm very good at integral and differential calculus.

我非常擅長積分與微分的計算。

微分

　　科學家很喜愛進行「思想實驗」，尤其是愛因斯坦。想像我們正站在一座位於峽谷上方極高的橋上，準備要丟下一塊石頭。

　　接下來會發生什麼事呢？思想實驗的優點是我們不需要真正地親自待在橋上。我們也可以做些不可能的事，例如讓石頭停在半空中或看著石頭在一段短暫的時間間隔，以慢動作落下。

　　根據牛頓的重力理論，石頭將會落下。這點並不令人訝異；石頭被地面吸引，並隨著計時器的滴答聲以越來越快的速度降落。思想實驗的另一個優點是，我們可以忽略複雜的因素，像是空氣阻力。

　　在特定的瞬間，例如丟下石頭後在計時器上剛好讀到 3 秒時，石頭的速度是多少呢？我們該如何解出這個問題？我們當然可以測量平均速度，但我們的問題是要測量「瞬時」速度。既然這是個思想實驗，我們何不把石頭停留在半空中，然後讓它在之後的片刻內往下移動極短的距離？如果我們將此一額外距離除以額外時間，我們就會得到這短暫時間間隔的平均速度。擷取的時間間隔越來越短，我們得到的平均速度就會越來越接近停下石頭處的瞬時速度。這個極限過程，就是微積分背後的基本概念。

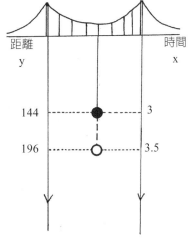

　　我們或許很希望讓微小的額外時間等於 0。在我們的思想實驗中，石頭根本完全沒有移動。它沒有花任何時間，也沒移動半點距離！這會讓我們得到的平均速度是 $\frac{0}{0}$，愛爾蘭哲學家喬治・貝克萊（Bishop Berkeley）將之精彩地描述為「消失量幽靈（ghosts of departed quantities）」。這個式子無法被判定，事實上它是無意義的。這種思考模式只會讓我們更進退兩難。

西元 1820
柯西以嚴謹的方式將理論形式化

西元 1854
黎曼創立黎曼積分

西元 1902
勒貝格提出勒貝格積分理論

　　若想更進一步，我們需要一些符號。跟落下距離 y 和耗費時間 x 有關的確切公式是由伽利略（Galileo）推導出來的：

$$y = 16 \times x^2$$

　　會出現 16，是因為測量單位選擇的是英尺和秒。比如說，如果我們想知道石頭在 3 秒內落下多遠，我們只要在公式中代入 $x = 3$，就可計算答案 $y = 16 \times 3^2 = 144$ 英尺。但我們該如何計算石頭剛好在 $x = 3$ 這個時間點上的速度呢？

　　我們將秒數再多加 0.5 秒，看看石頭在 3 到 3.5 秒之間移動了多遠的距離。到了 3.5 秒的時候，石頭已經移動 $y = 16 \times 3.5^2 = 196$ 英尺，因此 3 到 3.5 秒之間落下的距離是 196－144 = 52 英尺。既然速度是距離除以時間，那麼這段時間間隔的平均速度是 $\frac{52}{0.5} = 104$，也就是每秒 104 英尺。這很接近 $x = 3$ 此一時間點的瞬時速度，但你或許很理所當然地說，0.5 秒這個測量值並不夠小。若以更小的時間差來重複這個論證，例如 0.05 秒，我們發現落下距離是 148.84－144 = 4.84 英尺，由此得出的平均速度是 $\frac{4.84}{0.05} = 96.8$ 英尺／秒。確實更接近石頭在第 3 秒（當 $x = 3$ 時）的瞬時速度。

　　現在，我們必須不畏艱難地將問題設定成：計算石頭在 x 秒和 $x + h$ 秒之間的平均速度。經過計算推導，我們可以得到：

$$16 \times (2x) + 16 \times h$$

　　隨著我們將 h 變得越來越小（就像是從 0.5 變成 0.05），我們會發現第一項不受影響（因為不含 h），而第二項本身則變得越來越小。因此我們推論得到：

$$v = 16 \times (2x)$$

u	$\dfrac{du}{dx}$
x^2	$2x$
x^3	$3x^2$
x^4	$4x^3$
x^5	$5x^4$
…	…
x^n	nx^{n-1}

　　其中的 v 是石頭在時間點 x 的瞬時速率。舉例來說，石頭在第一秒（當 $x = 1$）的瞬時速度是 $16 \times (2 \times 1) = 32$ 英尺／秒；在第三秒是 $16 \times (2 \times 3) = 96$ 英尺／秒。

　　如果我們將伽利略的距離公式 $y = 16 \times x^2$ 與速度公式 $v = 16 \times (2x)$ 相比，兩者的基本差異是從 x^2 變成 $2x$。這就是微分的效果，從 $u = x^2$ 轉變成導數 $\dot{u} = 2x$。牛頓將 $\dot{u} = 2x$ 稱為「流數（fluxion）」，而變項 x 是「流動量（fluent）」，因為他是根據流量來思考。現今我們最常將 $u = x^2$ 和它的導數寫成 $\dfrac{du}{dx} = 2x$。最初由萊布尼茲提出的這個記號，在之後被持續沿用，代表著「萊布尼茲的 d 用法（$\dfrac{du}{dx}$）成功的超越了牛頓的最愛（流數記號）」。

　　落下的石頭是一個範例，但如果我們有其他使用 u 表示的式子，我們仍然可以計算導數，這樣在其他的情況下可能會派上用場。其中有一個模式：導數的形成是乘上前一個次方數，再將之減 1，形成新的次方。

積分

　　積分的第一個應用是測量面積。若要測量曲線下方的面積，作法是將它切分成近似的長方條，各長方形的寬是 dx。測量各個長方形的面積並將他們加總起來，就會得到「總和」，也就是總面積。

　　萊布尼茲提出用記號 S 代表總和，寫法是把它拉長成 $\int$。各長方條的面積是 udx，因此曲線 0 到 x 的面積 A 是：

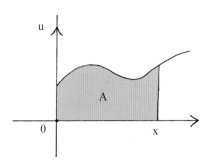

$$A = \int_0^x udx$$

　　如果我們在探究的曲線是 $u = x^2$，得到面積的作法是在曲線下方畫出狹窄的長方條，將他們加總計算近似面積，並且對長方形的寬應用極限過程來獲得精確面積。面積的答案是：

$$A = \frac{x^3}{3}$$

　　對於不同的曲線（也是 u 的其他式子），我們仍然可以計算積分。x 次方的積分就像導數一樣，也有個規律模式。積分的形成是除以「前一個次方數 + 1」，並且加 1 形成新的次方。

出色的結果

　　如果我們將積分 $A = \frac{x^3}{3}$ 做微分，我們實際上會得到原始的 $u = x^2$。如果我們將導數 $\frac{du}{dx} = 2x$ 做積分，我們也會得到原始的 $u = x^2$。微分是積分的逆運算，這個觀察結果被稱作「微積分基本定理」，這也是在整個數學中最重要的定理之一。

　　若是沒有了微積分，就不會有衛星在軌道上運行，也沒有經濟理論，而統計學將會是一門完全不同的學科。任何有涉及改變的地方，我們在那裡都找得到微積分。

u	$\int_0^x udx$
x^2	$\frac{x^3}{3}$
x^3	$\frac{x^4}{4}$
x^4	$\frac{x^5}{5}$
x^5	$\frac{x^6}{6}$
…	…
x^n	$\frac{x^{n-1}}{(n+1)}$

重點概念

微積分就是追求極限

20 作圖

證明否定通常相當困難，但數學中某些最偉大的成功，就是在做這樣的事。證明否定的意思是，證明有些事無法做到。像是化圓為方是不可能的，但是我們該如何證明這點呢？

古希臘人有四個重大的作圖問題：

- 三等分角（trisecting the angle）（將一個角分成三個相等的小角）；
- 倍立方體（doubling the cube）（建構第二個正立方體，其體積為第一個立方體的兩倍）；
- 化圓為方（squaring the circle）（製作一個正方形，其面積與某特定圓形相等）
- 多邊形作圖（建構具有等邊、等角的規則形狀）。

執行這些任務時，他們只用最低限度的必需品：

- 直尺來畫直線（當然不是用來測量長度）；
- 圓規來畫圓。

如果你喜歡不帶著繩索、氧氣、手機和其他設備就去爬山，那麼這幾個問題絕對相當地吸引你。在沒有現代測量設備的情況下，證明這些結果所需的數學技術就必須相當精細，直到十九世紀使用現代分析和抽象代數的技術，才得以解決古代的經典作圖問題。

平分及三角等分

在此有個方法可以將一個角分成兩個相等的小角，換句話說就是平分。首先，用圓規以 O 為頂點、任意長為半徑，畫弧，交兩邊於 A、B 兩點。然後以 A 為頂點、適當長 r 為半徑，畫弧，

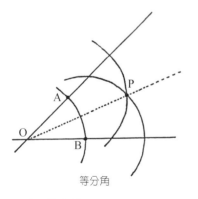

等分角

大事紀

西元前 450	西元 1672	西元 1801
阿那克薩哥拉（Anaxogoras）在監獄時試圖解出化圓為方	莫爾證明，所有歐幾里得作圖都可以單獨使用圓規完成	高斯出版《關於算術的論文》（*Discourses on Arithmetic*），其中有部分說明如何用直尺和規作圖，畫出正十七邊形

再以 B 為頂點、r 為半徑，畫弧，兩弧相交於 P 點。用直尺將 O、P 兩點相連。三角形 AOP 與三角形 BOP 完全相等，因此角 AOP 和角 BOP 也相等。直線 OP 是角 AOB 的平分線，將此一角可以分成兩個相等的角度。

平分角

我們能否使用像這樣的一連串動作，將隨意的一個角分成三個等角呢？這就是三角等分問題。

如果這個角是 90 度，亦即直角，那就沒有問題，因為我們可以作出 30 度的角。但如果我們選的是 60 度角，這個角就無法作三等分。雖然我們知道答案是 20 度，但沒有任何的作圖法可以僅用直尺和圓規就畫出這樣的角。因此可總結為：

- 你可以在任何時間平分任何角度；
- 你可以在任何時間三等分某些角度；
- 你在任何時間都無法三等分某些角度。

倍立方體是相似的問題，又稱為「提洛問題（Delian problem）」。故事要從希臘提洛斯島（Delos）當地的居民說起，他們因為遭逢瘟疫之苦而求助於神諭。結果被告知要建造新的聖壇，且體積要是現有聖壇的兩倍。

請想像提洛聖壇原本是個所有邊長都相等的三維立方體，我們把邊長假定為 a。他們需要建造另一個邊長為 b、體積是兩倍的立方體。這兩個聖壇的體積各為 a^3 和 b^3，他們之間的關係是 $b^3 = 2a^3$，或是 $b = \sqrt[3]{2} \times a$，其中 $\sqrt[3]{2}$ 代表自己相乘三次後得到 2 的數字（亦即 2 的立方根）。如果原始立方體的邊長為 $a = 1$，那麼提洛斯的島民必須要在直線上標出長度。不幸的是，無論他們對於想要作的這個圖，無論再怎麼發揮他們的聰明才智，都不可能光用直尺和圓規做到。

化圓為方

這個問題有點不同，也是作圖問題中最著名的一個：

作出一個正方形，其面積等於特定圓形的面積

西元 1837

萬澤爾（Wantzel）證明，倍立方體和三角等分這兩個經典問題無法以直尺和圓規作出

西元 1882

林德曼證明不可能化圓為方

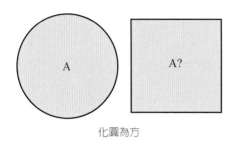

化圓為方

「化圓為方」這個成語，現在通常用來表達不可能。代數等式 $x^2 - 2 = 0$ 有特定的解，$x = \sqrt{2}$ 和 $x = -\sqrt{2}$。這兩個數都是無理數（無法寫成分數），證明無法化圓為方則等同於證明 π 無法是任何代數方程式的一個解。

有這樣性質的無理數被稱為超越數（transcendental numbers），因為他們比無理的親戚（例如 $\sqrt{2}$）有更「高」的無理性。

數學家一般相信 π 是超越數，但這「多年的謎團」非常難以證明，直到費迪南德・馮・林德曼改編夏爾・埃爾米特開創的技巧才解出。埃爾米特曾用這個技巧來處理較小的問題，亦即證明自然對數的底（e）是超越數（參見第6章）。

在林德曼得到這個結果之後，我們或許會認為關於「圓—方」發表的一篇又一篇論文終於得以終止。但完全不是這麼一回事。還是有人以數學的旁觀者之姿在鼓動著，他們是那些不願意接受此一證明邏輯的人，以及某些從未聽聞過這個證明的人。

多邊形作圖

歐幾里得提出規則多邊形要如何作圖的問題。這是種對稱的多邊形，像是正方形或正五邊形，其中所有的邊都等長，而各個鄰邊所形成的夾角也都相等。歐幾里得在他知名的著作《幾何原本》第四卷中，證明如何僅使用兩種基本的工具，畫出三、四、五、六邊形。

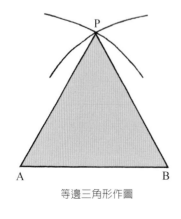

等邊三角形作圖

有三個邊的正多邊形，我們通常稱之為等邊三角形，這個形狀的作圖方式特別直接。你希望三角形的邊長有多長，就在直線上標出 A 點、B 點，而兩點間的距離就是你想要的長度。用圓規以 A 為頂點、AB 長為半徑，畫弧。然後重複上述動作，以 B 為頂點、AB 長為半徑，畫弧，交前弧於 P 點。因為邊長 AP = 邊長 AB 且邊長 BP = 邊長 AB，所以三角形 APB 的三個邊全都相等。實際的三角形，則以直尺將 AB、AP 和 BP 相連即可完成。

如果你認為擁有一把直尺似乎過於奢侈，那麼你並不孤單。丹麥數學家喬治・莫爾（Georg Mohr）也是這麼想的。等邊三角形的作圖是要找出 P 點，而做到這點只需要用到圓規，直尺不過是用來把點連在一起。莫爾證明，任何可用直尺和圓規完成的作圖，都可以只用圓規來達成。義大利數學家羅蘭索・馬歇羅尼（Lorenzo

Mascheroni）在 125 年後證明了相同的結果。他在 1797 年以新穎的詩文撰寫《圓周幾何》（*Geometria del Compasso*）一書，獻給拿破崙（Napoleon）。

就一般的問題而言，有 p 個邊且 p 為質數的多邊形特別重要。我們已經作出三邊形，歐幾里得則作出五邊的多邊形，但他無法作出七邊的多邊形（七角形）。年僅十七歲就開始研究這個問題的卡爾・弗里德里希・高斯，證明出否定的結果。他推演出如果 $p = 7$、11 或 13，則不可能作出 p 邊的多邊形。

然而高斯也證明了一個肯定的結果，他推斷有可能作出 17 邊的多邊形。高斯實際上更進一步，證明了 p 邊的多邊形作圖是可行的，若且唯若質數 p 是出自這個形式：

$$p = 2^{2^n} + 1$$

這個形式的數字被稱為費馬數（Fermat numbers）。如果我們求 $n = 0$、1、2、3 和 4 的值，我們發現他們是質數 $p = 3$、5、17、257 和 65537，這些數字都對應到可作圖的多邊形邊數。

當我們嘗試 $n = 5$ 時，費馬數是 $p = 2^{32} + 1 = 4294967297$。皮埃爾・德・費馬推測這個形式的數全都是質數，但遺憾的是這一個數並不是質數，因為 $4294967297 = 641 \times 6700417$。如果我們將 $n = 6$ 或 7 代入公式，得到的結果是巨大的費馬數，然而就跟 $n = 5$ 一樣，他們也都不是質數。

是否有任何其他的費馬質數呢？普遍的看法是沒有，但也沒有人可以確定這點。

重點概念

拿一把直尺和一副圓規就可以畫出……

21 三角形

關於三角形最明顯的一件事就是，它是個有三個邊和三個角的圖形。三角學（trigono-metry）是我們用來「測量三角形」的理論，無論是角的大小、邊的長度，或者是內含的面積。三角形（所有圖形中最簡單的一種）一直讓人深感興趣。

三角形的傳說

有個精妙的論證指出，任何三角形的所有角相加都會等於兩個直角或 180 度。穿過任一三角形的「頂角」A 畫一直線 MAN，並與底邊 BC 平行。

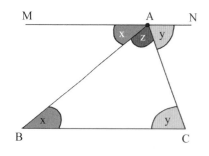

我們稱之爲 x 的角 ABC 相等於角 BÂM，因爲他們是內錯角，且線段 MN 與線段 BC 平行。另外兩個內錯角，角 ACB 及角 CAN 相等爲 y。跟 A 點有關的角（MAN）等於 180 度（360 度的一半），而這個角是 $x + y + z$，也就是三角形的內角總和。QED，這是我們常寫在證明結尾，代表證明完畢的縮寫。當然，我們假設三角形是畫在平面上，像是這張平平的紙。若是畫在球上的三角形（球面三角形），則所有的內角相加並不等於180度，不過這又是另外一個故事了。

歐幾里得證明了許多跟三角形有關的定理，並且確定這是由演繹法來完成。例如，他證明「任一三角形的兩邊和大於第三邊」。現今，這個定理被稱爲「三角不等式」，它在抽象數學裡占有重要位置。伊比鳩魯學派（Epicureans）（對生活抱持實事求是的態度）主張，這點不需要證明，因爲就連驢子都能明白。他們認爲，如果在一個頂點放一捆乾草，而在另一個頂點有隻驢子，這隻動物不太可能會跨越兩個邊來吃草止飢。

畢氏定理

最偉大的三角形定理是畢氏定理，這也是現代數學的一個特色，但還是有人對於第一個發現者是畢達哥拉斯有所懷疑。這個定理最為人所知的陳述，若用代數表示則是 $a^2 + b^2 = c^2$，不過歐幾里得參照實際的正方形形狀：「在直角三角形中，以直角對邊的邊長為邊的正方形面積（直角對邊的平方），相等於以直角兩邊的邊長為邊的正方形面積相加（直角兩邊的平方和）。」

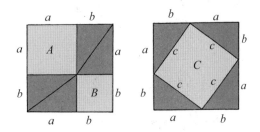

歐幾里得的證明是在《幾何原本》第一卷中的第 47 個命題，此一證明後來成為歷代學生的焦慮之處，因為他們得努力地牢牢記住，否則就必須承擔後果。這方面有好幾百個證明存在，其中十二世紀婆什迦羅（Bhaāskara）的精神，比歐幾里得在西元前 300 年的證明更為人喜愛。

這是個「不用言語」的證明。下圖中，邊長為 $a + b$ 的正方形，可用兩種不同的方式劃分。

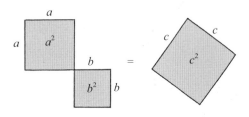

因為四個全等三角形（深灰色）是左右兩個正方形（上圖上方）所共有的，因此我們可以將之移除，仍保有相等的面積（淺灰色）（上圖下方）。如果我們看看剩餘形狀的面積，就會冒出熟悉的式子：

$$a^2 + b^2 = c^2$$

歐拉線

跟三角形有關的命題可能有上百個。首先，我們來想一想邊的中點。在任何三角形 ABC 中，我們標出各邊的中點 D、E、F。將 B 和 F 相連、C 和 D 相連，兩條連線的相交處標上 G。現在，將 A 和 E 相連。這條連線是否也會穿過 G 點呢？這個問題應該需要進一步的推理。但事實上，這條線確實會穿過 G 點，而 G 點被稱為三角形的「重心」。這是三角形的重力中心。

重心

西元 **1822**

卡爾・費爾巴哈（Karl Feuerbach）描述三角形的九點圓（在平面幾何中，任一三角形都可畫出一個圓，通過三邊的中點、三高的垂足，以及三頂點到垂心的中點，此為九點圓）

西元 **1873**

布羅卡（Brocard）在三角形方面做了徹底且詳盡的研究

實際上真的有數百種不同的「心」跟三角形有關。另一個心則是點 H，它是三角形高（從頂點垂直畫到底邊的線）的交點。這個點被稱為「垂心」。

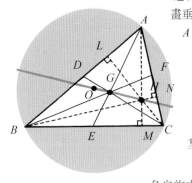

還有另一個心被稱為「外心（O）」，它是從 D、E 和 F（三邊中點）畫垂直線（稱為「中垂線」，圖中並未顯示）相交的點，也是通過 A、B、C 三點所畫之圓的圓心。

除此之外，關於三角形的心還有其他要點。在任何三角形 ABC 中，重心（G）、垂心（H）和外心（O）三者共線，這條線被稱為「歐拉線」。若三角形為等邊三角形（所有的邊長都相等），這三個點會重疊，而此點無疑是三角形的中心。

歐拉線

拿破崙定理

對任一個三角形 ABC，從它的各邊分別作等邊三角形，並找出各自的中心 D、E、F，可形成一個新的三角形 DEF。拿破崙定理確立了這點：對於任何的三角形 ABC，三角形 DEF 一定是等邊三角形。

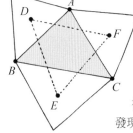

拿破崙定理在 1825 年於英國的期刊印刷出版，這是拿破崙在聖赫勒拿島（St Helena）去世（1821 年）後幾年的事。拿破崙在就學的時候，他的數學能力理所當然地幫助他獲准進入砲兵學校，之後當他成為皇帝時，有機會認識了巴黎的重要數學家們。遺憾的是，沒有證據能讓我們更進一步了解，而「拿破崙定理」就像其他許多的數學結果一樣，其成就被歸功於一個對於它的發現或證明沒什麼貢獻的人。這確實是個經常被重新發現和擴展延伸的定理。

拿破崙定理

決定一個三角形的必要資料，包含知道兩個角和一邊的長度。由此，我們可憑藉三角學測量出其他部分。

在為了繪製地圖而勘測土地面積的時候，作為一個「地平說者」（認為地表是一塊平面，而不是一塊巨大的球面）並假設三角形是平的會相當有用。三角量測網路是由已知長度的底邊線段 BC 開始建立，選擇遠處的一個點 A（三角點），利用經緯儀測量角 $A\hat{B}C$ 和角 $A\hat{C}B$。透過三角學，可以知道三角形 ABC 的一切，讓勘測員繼續進行，根據新的底邊線段 AB 或線段 AC 校準下一個三角點。此一方法有個優點，就是能夠繪製荒蕪地帶的地圖，像是有沼澤、泥塘、流沙與河流等障礙的地方。

這個方法是「印度大三角測量計畫（Great Trigonometrical Survey of India）」的基礎，這是個始於 1800 年代並持續進行了四十年的計畫。這個計畫的目的，是沿著大子午線弧，勘測並繪製從南邊的科摩林角（Cape Comorin）到

北邊的喜瑪拉雅山脈（Himalayas），全長距離約 1500 英里（約 2414 公里）。為了確保能測量到最為準確的角度，喬治・埃佛勒斯爵士（Sir George Everest）在倫敦安置了兩架巨大的經緯儀，總重量高達一公噸，需要十二個人的隊伍才能運送。

　　獲得正確的角度極其重要。測量的準確度最為重要且受到最多討論，然而簡單的三角形才是這一切操作的核心。維多利亞時代的人必須在沒有 GPS 的情況下設法做到，不過他們確實有計算器——人力計算器。一旦三角形的所有長度都被計算出來，面積的計算就十分直接了當。三角形又再次是個單位。關於三角形的面積 A 有幾種公式，然而最值得注意的是亞歷山卓的海龍公式（Heron's formula）：

$$A = \sqrt{s \times (s-a) \times (s-b) \times (s-c)}$$

　　這個公式可以應用到任何的三角形，甚至不需要知道任何角度都行。符號 s 代表三角形周長的一半，而三角形的邊長各為 a、b 和 c。舉例來說，如果有個三角形的邊長是 13、14 和 15，周長是 13 + 14 + 15 = 42，那麼 s = 21。代入上述公式，完成的計算結果為 $A = \sqrt{21 \times 8 \times 7 \times 6} = \sqrt{7056} = 84$。無論是對於把玩簡單形狀物品的小孩，或是在抽象數學中日復一日探討三角不等式的研究者，三角形都是個熟悉的對象。三角學是讓有關三角形以及正弦（sine）、餘弦（cosine）和正切（tangent）函數的計算成為工具並且描述他們，使我們能夠在實際的應用上做出準確的計算。三角形已經獲得許多關注，但令人訝異的是，關於這三條線所形成如此基本的圖形，仍然有許許多多等待我們去發現的地方。

帶有三角形的建築

三角形在建築中不可或缺。它的使用和長處讓它在勘測中成為一個不可或缺的事實：三角形是堅固的。你可以把正方形或長方形擠壓變形，但是三角形卻無法如此。建築中用到的桁架，就是把三角形組在一起，在屋頂的組成中可以見到。還有個重大的突破，就是出現在橋樑的建築。

華倫式桁架（Warren truss）可負載比自身重達許多的重量。這是詹姆斯・華倫（James Warren）在 1848 年獲得的專利，兩年後，第一座以此方法設計的橋樑在倫敦橋站（London Bridge Station）建成。已經有證明發現，使用等邊三角形比等腰三角形（只有兩個邊必須相等）的類似設計更加牢靠。

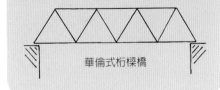

華倫式桁樑橋

三個邊可以創造許多事蹟，別小看三角形！

22 曲線

畫條曲線並不是件難事。藝術家總是這麼做，建築師以鐮刀狀曲線來規劃新建築的延伸弧度；棒球投手會投曲球；運動員讓投球路徑成為一條曲線，當擊中目標的時候，球也以曲線落下。然而，如果有人問到「什麼是曲線呢？」答案並不是簡簡單單就能表達出來的。

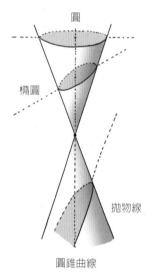

圓

橢圓

拋物線

圓錐曲線

雙曲線

數學家從不同的觀察點，對曲線研究了好幾世紀。最早開始於希臘人，他們研究的曲線在現代被稱之為「古典」曲線。

古典曲線

古典曲線這個範疇內的首要家族，是我們所謂的「圓錐曲線（conic sections）」。家族成員有圓形、橢圓形、拋物線以及雙曲線。圓錐是由兩個錐形（冰淇淋蛋捲筒）一正、一反地組在一起而形成。若以一個平面切過圓錐，橫斷交叉的曲線就會出現圓形、橢圓形、拋物線或雙曲線，至於會出現哪一個，端看平面與圓錐的垂直軸以什麼角度相切。

我們可以將圓錐曲線想像成一個圓在螢幕上的投影。從圓柱形檯燈的燈泡發出的光線形成雙重光錐，光會往上、往下投射出環形的邊。在天花板上的投影會是圓形，但如果我們將檯燈傾斜，這個圓就會變成橢圓。另一方面，投射在牆上的影像則是出現兩部分的曲線，亦即雙曲線。

圓錐曲線也可用「點在平面上移動」的方法加以描述。這是希臘人喜愛的「軌跡」法，跟投影定義的不同處在於它內含長度。

大事紀

如果一個點到一個定點的移動距離永遠相等，我們會得到一個圓形。如果一個點到兩個定點（焦點）的移動距離之和是個常數，我們會得到一個橢圓形（若其中的兩個焦點為同一點，橢圓就會變成圓形）。橢圓形是行星運動的關鍵曲線。在 1609 年，德國天文學家約翰尼斯・克卜勒宣布，行星沿著橢圓形的軌道繞太陽運行，推翻了舊有的圓形軌道想法。

另外沒那麼明顯的是，點到另一個點（焦點 F）的移動距離，跟它到某一特定直線（準線）的垂直距離相等，這樣的情況下我們得到的是拋物線。拋物線有許多有用的性質。如果把光源放在焦點 F 的位置，發出的光線都會跟 PM 平行。另一方面，如果衛星送出電視訊號，撞擊到拋物線形的接收碟，他們會一起聚集在焦點處，由此送入家裡的電視機。

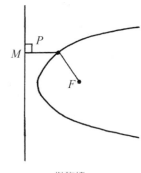

拋物線

如果讓一根棍子在一個點的周圍旋轉，棍子上的任何一個定點所留下的痕跡都是圓形，但如果點在旋轉之外還沿著棍子向外移動，就會產生螺旋線。畢達哥拉斯很喜愛螺旋線，而在多年過後，李奧納多・達文西花了十年的時間研究不同類型的螺旋線，勒內・笛卡兒也在差不多的時期寫了關於螺旋線的論文。對數螺線也叫做等角螺線，因為其中半徑與等角螺線和半徑交點的切線所夾的角永遠相等。

出自瑞士著名數學家族的雅各布・白努利，對於對數螺線迷戀到想把它刻在自己位於巴塞爾的墓碑上。以博學多才聞名的伊曼紐・斯威登堡（Emanuel Swedenborg）則是將螺旋視為最完美的形狀。圍著一個圓柱一圈圈自身纏繞的三維螺旋被稱為螺旋體（helix）。兩個這樣的形狀（雙股螺旋體）是形成 DNA 的基本結構。

對數螺線

古典曲線還有很多，像是蝸線（limaçon）、雙扭線（lemniscate）以及各種卵形（廣義橢圓形）。心臟線（cardioid）的名字源自於它的外形就像是顆心臟。懸鏈曲線（catenary curve）是十八世紀的研究主題，它被認定為一條鏈子懸掛在

西元 1704	西元 1890	西元 1920
牛頓將三次曲線分類	皮亞諾證明一條曲線能填滿正方形（空間填充曲線）	門格爾和烏雷松將曲線定義為拓樸學的一部分

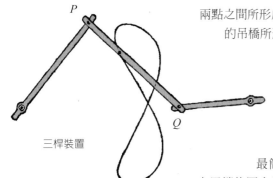

三桿裝置

兩點之間所形成的曲線。拋物線則是指吊掛在兩個垂直橋塔之間的吊橋所形成的曲線。

十九世紀關於曲線研究的一個面向，是有關機械桿所產生的曲線。設計連接桿而將圓周運動轉變為直線運動的蘇格蘭工程師詹姆士‧瓦特（James Watt），將機械桿產生的曲線問題幾近解決。在蒸汽時代，這是個相當重大的進步。

最簡單的一種機械配件是三桿裝置，其中桿子以各自尾端的固定位置連接在一起。「聯結桿」PQ 往任何的方向移動，桿上各點的軌跡都會形成六階的曲線，亦即「六次曲線」。

代數曲線

在笛卡兒提出 x、y 和 z 座標而徹底改革幾何學，直角座標軸（cartesian axes）也以他的名字命名，現在的圓錐曲線可以用代數方程式來研究。例如，半徑為 1 的圓方程式：$x^2 + y^2 = 1$，這是個二階的方程式，就跟所有的圓錐曲線一樣。有個新崛起的幾何學分支，就叫做「代數幾何」。

牛頓在一次重要的研究中，將三階代數方程式描述的曲線（或稱三次曲線）加以分類。相較於四種基本的圓錐曲線，他找到 78 種類型的曲線，並分組成 5 個類別。四次曲線的不同類型持續地爆炸性成長，正因為有太多不同的類型，所以從來都無法做到完整的分類。

以代數方程式研究曲線，只是整個曲線故事的一部分。有許多的曲線，像是懸鏈線、擺線（轉動車輪上的一點所描繪出的曲線）和螺線等，很難用代數方程式來加以表達。

定義

數學家尋求的是曲線本身的定義，而不只是特定的範例。卡米爾‧若爾當（Camille Jordan）提出一個曲線理論，其立論基礎是依據變量點之曲線變化。

在此有個範例：如果我們讓 $x = t^2$ 且 $y = 2t$，那麼根據不同的 t 值，我們會得到許多不同的點，可以將之寫成座標 (x, y)。舉例來說，如果 t = 0，我們得到點 (0, 0)；t = 1，得到的點是 (1, 2) 等等。如果我們在 x-y 軸（x-y axes）的座標上畫出這些點並且把點「相連」，我們會得到一條拋物線。若爾當將這些被描繪之點的概念加以提升改善。對他而言，這就是曲線的定義。

　　若爾當曲線可能很複雜精細，即使他們像圓形那樣的「簡單」（沒有自我相交）和「封閉」（沒有開始和結束）。若爾當的著名定理具有重大意義，其中說道，簡單封閉曲線有內部區域和外部區域，而它外表的「明顯性」只是個騙局。

　　在義大利，朱塞佩・皮亞諾（Giuseppe Peano）於1890年引發了一場騷動，當時他證明，根據若爾當的定義，一個填滿的正方形是條曲線。他可以組織正方形裡的點，好讓他們全都可以被「描繪出」，同時還遵循若爾當的定義，這就是所謂的空間填充曲線，而它破壞了若爾當定義的有效性——在傳統觀念中，正方形顯然不是一條曲線。

簡單封閉的若爾當曲線

　　空間填充曲線的例子以及其他的病態例子，使得數學家們再一次重新開始，認眞思考有關於曲線理論的基礎。提出的整體問題，是爲了發展更好的曲線定義。到了二十世紀初期，這個任務便將數學帶入新的拓撲學領域。

重點概念
曲線就是會拐彎

23 拓撲學

拓撲學是幾何學的分支，處理的是曲面和一般形狀的性質，但是不涉及長度與角度的測量。它最主要的議題在於，當形狀變換成其他形狀時，那些沒有被改變的性質。我們可以往任何方向推或拉這個形狀，因為這個理由，拓撲學有時被形容是「橡膠幾何學」。而拓撲學家則是那些無法辨別甜甜圈和咖啡杯的人！

甜甜圈的曲面有一個洞。咖啡杯同樣也是，那個洞則是以把手的形式表現。下圖顯示甜甜圈如何變換成咖啡杯。

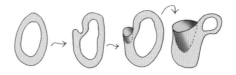

多面體分類

拓撲學家研究的最基本形狀是多面體（polyhedra），英文中的 poly 意指「許多」而 hydra 的意思是「面」。多面體的一個例子是立方體，有6個正方形的面、8個頂點（各面接合的點）以及12條邊（連接頂點的線）。正立方體是正多面體，因為：

- 所有的面都是相同的規則形狀；
- 交於頂點的兩邊所形成的所有角全部相等。

拓撲學是門相當新的學科，但仍然可以回溯到古希臘時代，而歐幾里得《幾何原本》最後一卷的結果是證明恰好有五種正多面體，他

大事紀

西元前 約 300	西元前 約 250	西元 1752	西元 1858
歐幾里得證明有五種正多面體	阿基米德研究截角多面體	歐拉提出有關於多面體的頂角數、邊數和面數的公式	莫比烏斯和約翰·李斯丁（Johhan Benedict Listing）提出莫比烏斯帶

們是柏拉圖立體：

- 四面體（角椎體，4 個正三角形的面）；
- 立方體（6 個正方形的面）；
- 八面體（8 個正三角形的面）；
- 十二面體（12 個正五邊形的面）；
- 二十面體（20 個正三角形的面）。

　　如果我們省略每個面都相同的條件，我們就進入阿基米德多面體的領域，也就是半規則多面體。我們可以從柏拉圖立體中產生一些例子。如果我們切去二十面體的某些角（截角），我們會得到用於現代足球設計的形狀。形成面板的這 32 個面，是由 12 個五邊形和 20 個六邊形所組成，其中有 90 條邊和 60 個頂點。這也是巴克球（buckminsterfullerene）分子的形狀，它是以創作穹頂建築的夢想家理查 · 巴克敏斯特 · 富勒（Richard Buckminster Fuller）命名。「巴克球」是最近發現的一種碳形式——碳六十（C_{60}），在各頂點處都找得到一個碳原子。

四面體（角椎體）　　　　立方體

八面體　　　　十二面體

二十面體　　　截角二十面體

歐拉公式

　　歐拉公式是將多面體的頂點數 V、邊數 E 和面數 F 結合起來的公式：

$$V - E + F = 2$$

　　舉例來說，立方體的 $V = 8$、$E = 12$ 且 $F = 6$，因此 $V - E + F = 8 - 12 + 6 = 2$，就巴克球而言，$V - E + F = 60 - 90 + 32 = 2$。這個定理實際上在挑戰多面體的特有概念。

　　如果立方體的內部有個「通道」穿過，它還是個真正的多面體嗎？就這個形狀來說，$V = 16$、$E = 32$ 且 $F = 16$，而 $V - E + F = 16 - 32 + 16 = 0$，歐拉公式在這裡行不通。若要恢復公

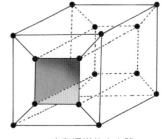

內有通道的立方體

西元 **1961**

史蒂芬 · 斯梅爾（Stephen Smale）證明五維以上的龐加萊猜想

西元 **1982**

麥克 · 傅利曼（Michael Freedman）證明了四維的龐加萊猜想

西元 **2002**

裴瑞爾曼證明了三維的龐加萊猜想

式的正確性，多面體的類型就必須限制內部沒有通道。或者，可以將公式廣義化來含蓋這樣的特例。

曲面的分類

　　拓撲學家或許將甜甜圈和咖啡杯視爲相同的東西，但什麼樣的曲面跟甜甜圈不相同呢？有個候選人是橡皮球。沒有任何方法可以將甜甜圈變換成球，因爲甜甜圈有個洞但是球並沒有。這是這兩種曲面之間的基本差異。因此，將曲面分類的一個方法是根據他們有多少個洞。

　　我們取一個有 r 個洞的曲面，由置入曲面的頂點相連所形成的邊爲界限，將之分成幾個區域。一旦完成這件事，我們就能計算頂點、邊和面的數量。無論劃分成幾分，歐拉式子 $V - E + F$ 永遠都會有相同的值，稱之爲曲面的歐拉示性數：

$$V - E + F = 2 - 2r$$

　　如果曲面就像普通的多面體那樣沒有洞（$r = 0$），此一公式就簡化成歐拉公式 $V - E + F = 2$。在只有一個洞的（$r = 1$）例子（像是內有通道的立方體）中，$V - E + F = 0$。

莫比烏斯帶

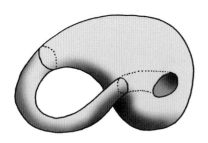

克萊因瓶

單側曲面

　　曲面通常都有兩側。球的外側跟內側不同，而從一側跨到另一側的唯一方法是在球上鑽一個洞，因爲拓撲學中並不允許的切割操作（你可以拉長但不能切割）。一張紙是另一個具有兩側的曲面例子。兩側相交的唯一地方，是沿著紙的邊緣形成的邊界曲線。

　　單側曲面的想法似乎太過牽強。然而，德國數學家暨天文學家奧古斯特 · 莫比烏斯（August Möbius）在十九世紀發現了相當著名的曲面。構成曲面的方法是拿一條紙帶，扭轉半圈後將兩端黏在一起，結果就產生了「莫比烏斯帶（Möbius strip）」，有邊界曲線的單側曲面。你可以拿一枝筆，沿著莫比烏斯帶的中央開始畫一條線，不久之後，你就會重回到你的起點！

　　甚至有可能會有不具邊界曲線的單側曲面。這就是「克萊因瓶（Klein bottle）」，以德國的數學家菲利克斯 · 克萊因（Felix Klein）命名。這個曲面特別讓人印象

深刻的是，它自己本身沒有相交。然而，不可能在三維空間作出沒有物理相交的克萊因瓶模型，因為它只有在四維空間中才會完全沒有相交。

這兩種曲面都是拓樸學家稱為「流形（manifolds）」的例子，流形是指局部看來像是部分二維紙張的幾何曲面。而由於克萊因瓶沒有邊界，所以被稱為「封閉」二維流形。

龐加萊猜想

一千多年以來，拓樸學中有個懸而未決的重大問題是著名的龐加萊猜想（Poincaré conjecture），這是以昂利‧龐加萊（Henri Poincaré）命名。這個猜想的核心是代數與拓樸學之間的關聯性。

部分的猜想直到近期封閉三維流形的應用，才獲得解決。這些可能相當複雜，請想像有更多維的克萊因瓶。龐加萊猜測，具有三維球面所有代數特徵的某些封閉三維流形，實際上必須是球面。這就像是你繞著巨大的球走，而你收到的所有線索都指出它是球面，但是因為你無法看見全貌，所以你對於它是否真的是個球面會感到懷疑。

過去沒有人能證明三維流形的龐加萊猜想。它是真的還是假的呢？其他所有維度都已得到證明，只有三維流形的例子仍難以突破。一直以來陸續有許多錯誤的證明，直到 2002 年斯捷克洛夫研究所（Steklov Institute）〔位於聖彼得堡（St Petersburg）〕的格里高利‧佩雷爾曼（Grigori Perelman）終於證明成功。就像其他偉大數學問題的解決方法一樣，龐加萊猜想的解決技巧超出它當前的領域之外，是個跟熱擴散有關的技巧。

重點概念
拓樸能讓甜甜圈變成咖啡杯

24 維

李奧納多·達文西在他的筆記本中寫到:「繪畫科學始於點,然後成為線,再來成為面,第四則是面上覆蓋的體。」在達文西提出的階層中,點的維度是零、線是一維、面是二維,而空間則是三維。還有什麼能比這更清楚明白呢?這是希臘幾何學家歐幾里得一直以來宣揚點、線、面和立體幾何的方式,而達文西則是遵循歐幾里得的呈現方法。

物理空間是三維的,這個觀點已經存在了數千年。在物理空間中,我們可以沿著 x 軸一路移動到頁面之外,或者是沿著 y 軸水平橫跨本頁或沿著 z 軸垂直橫跨本頁,亦或者是前述的任何一種組合。每個點都有相對於原點(三個軸相交之處)的一組空間座標,由 x、y 和 z 值明確訂定,並以這樣的形式表示:

$$(x, y, z)$$

立方體顯然有三個維度,其他的體積也皆如此。通常我們在學校先學二維的平面幾何,然後再進到三維的「立體幾何」,便到此為止。

大約在十九世紀初期,數學家開始涉獵四維,甚至是更高的 n 維數學。許多哲學家和數學家開始提問是否有更高的維度存在。

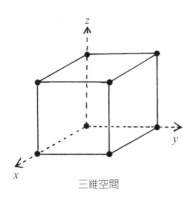

三維空間

更高的物理維度

過去許多重要的數學家都認為無法進行四維的想像。他們質疑四維的真實性,而解釋這點則變成一種挑戰。

大事紀

西元前約 300	西元 1877	西元 1909
歐幾里得描述三維世界	康托爾為自己在維度理論方面的爭議性感到訝異	布勞威爾的研究改變我們對維度的觀點

解釋為何四維有可能存在的常見方法是退回到二維。在 1884 年，英國教師暨神學家埃德溫 · 艾波特（Edwin Abbott）出版了一本大受歡迎的小說《平面國》（*Flatlanders*），內容是關於生活在二維平面的「平面國人民」。他們無法了解存在於平面國的三角形、正方形或圓形，因為他們沒辦法跳脫到第三維的觀點來看待這些形狀，導致視野極度受限。他們在思考三維時所遇到的難題，就跟我們思考四維一樣。因而閱讀艾波特的這本書，讓我們開始有對等的心境去接受第四個維度。

考量「四維空間存在的真實性」此一需求，在愛因斯坦出現後變得更加急迫。由於愛因斯坦的模型中多出的一維是時間，所以四維幾何似乎變得更加合理，甚至可以了解。不同於牛頓的是，愛因斯坦認為在四維的時空連續體中，時間與空間是緊密相連的。愛因斯坦判定，我們住在具有四個座標 (x, y, z, t) 的四維世界，其中的 t 指的是時間。

現今，愛因斯坦的四維世界似乎相當無害，也切合實際。更近期的物理現實模型是基於「弦」。在弦理論中，熟悉的次原子粒子（如電子），其表現形式為極微小振動的弦。弦理論指出，四維的時空連續體可由更高維度的版本取代。現今的研究指出，弦理論中可調適的時空連續體，維度應該不是 10、11 就是 26，端看進一步的假設與不同的觀點而定。

在瑞士（Switzerland）日內瓦（Geneva）附近的歐洲核子研究組織（European Organization for Nuclear Research，通常被簡稱為 CERN）具有重達 2000 公噸的巨型磁鐵，它是設計來讓粒子高速撞擊，或許有助於解決這類問題。它的目的在於揭露物質的結構，或許還會有意外結果能指出更好的理論以及有關維度的「正確」答案。

超空間

數學空間不像是更高的物理維度，三維以上絕對沒有問題。數學空間的維度可以是任何數字。自十九世紀初期以來，數學家已經習慣在研究中使用 n 變量。諾丁漢（Nottingham）的磨坊主人喬治 · 格林（George Green）（探討電學的數學），以及理論數學家奧古斯丁 · 路易 · 柯西（A. L. Cauchy）、阿瑟 · 凱萊

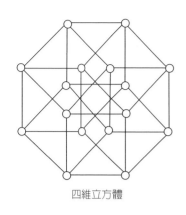

四維立方體

（Arthur Cayley）和赫爾曼 · 格拉斯曼，全都根據 n 維超空間來描述他們的數學研究。

n 維背後的概念，完全是從三維座標 (x, y, z) 延伸到不特定的變量數。二維中的圓有方程式 $x^2 + y^2 = 1$，而三維中的球面有方程式 $x^2 + y^2 + z^2 = 1$，既然如此，四維中的超球面何不就以 $x^2 + y^2 + z^2 + w^2 = 1$ 代表。

在三維中的立方體中，八個角都有座標 (x, y, z)，其中的 x、y、z 不是 0、就是 1。立方體有六個面，每個面都是正方形並且總共有 $2 \times 2 \times 2 = 8$ 個角。那麼四維的立方體又是如何呢？它具有的座標形式爲 (x, y, z, w)，其中 x、y、z 和 w 不是 0、就是 1。因此，四維的立方體可能有 $2 \times 2 \times 2 \times 2 = 16$ 個角，以及 8 個面，並且每個都是立方體。我們無法實際上看到這種四維立方體，但我們可以在這張紙上創造一個藝術家對它的印象。上圖中呈現的是存在於數學家想像之中的四維立方體投影圖。由此可以大約感覺到立方體的面。

對於理論數學家而言，多維的數學空間再尋常不過。對於它是否實際存在，並沒有做出任何主張，然而在理想的柏拉圖世界，或許已經假定它的存在。例如，在群的分類（參見第 38 章）的大問題中，「怪獸群（monster group）」是在 196883 維的數學空間中測量對稱性的方法。我們無法用我們能在普通三維空間裡的相同方法「看見」這個空間，但還是能藉由近世代各種精確的方式想像和處理。

數學家對於維度的考量，跟物理學家熱愛的維度分析，意義完全不同。物理學常用的測量單位是根據質量 M、長度 L 和時間 T。因此，物理學家使用他們的維度分析，可以檢驗問題是否合理，因爲等式的兩邊必須有相同的維度。

讓「力 = 速度」是沒有用的。維度分析將「速度」解釋爲每秒幾公尺（公尺／秒），因此它的維度是長度除以時間，或是 $\frac{L}{T}$，也可以寫成 LT^{-1}。

「力」則是質量乘上加速度，因爲加速度是公尺／秒^2，所以最終結果是，力的維度爲 MLT^{-2}。

拓撲學

維度理論是拓撲學的一部分。維度的其他概念，可以根據抽象的數學空間獨自定義。主要任務是展現他們彼此間如何關聯。數學眾多分支的佼佼者

們都曾深入鑽研維度的意義，其中包括昂利　勒貝格（Henri Lebesgue）、布勞威爾（L. E. J. Brouwer）、卡爾・門格爾（Karl Menger）、保羅・烏雷松（Paul Urysohn）和利奧波德・維托里斯（Leopold Vietoris）（直到近期他還是奧地利最長壽的人瑞，於 2002 過世，享年 110 歲）。

這門學科的重要著作是《維度理論》（*Dimension Theory*）。本書於 1948 年出版，作者是維托德・胡爾維茨（Witold Hurewicz）與亨利・沃曼（Henry Wallman），這本書至今仍被視為在了解維度概念方面的分水嶺。

維的所有形式

從希臘人提出了三維開始，維度的概念就一直受到批判性地分析與延伸。

數學空間的 n 維毫不費力就得以提出，然而物理學家的理論則立基在（四維的）空間、時間以及需要 10、11 和 26 維的近代弦理論。此外，由於開始研究幾種不同的測量，所以也踏入分數維度的碎形形態（參見第 25 章）。希爾伯特提出無限維度的數學空間，這在現今成為理論數學的基礎架構。維度，已經遠遠超過了歐幾里得幾何的一、二、三維。

座標上的人

人類本身就是很多維。一個人有遠超過三個的「座標」。我們可以用 (*a, b, c, d, e, f, g, h*) 來代表年齡、身高、體重、性別、鞋子尺碼、眼睛顏色、頭髮顏色、國籍等等。我們可以用人來代替幾何的點。如果我們將自己限制在這個人的「八維」空間，約翰可能有個座標像是（43 歲，165 公分，83 公斤，男性，9 號，藍色，金色，丹麥人），而瑪莉的座標或許是（26 歲，157 公分，56 公斤，女性，4 號，棕色，深褐色，英國人）。

重點概念
維度大到三維之外

25 碎形

西元 1980 年三月，紐約州約克城高地（Yorktown Heights）的 IBM 研究中心，有一部尖端科技的大型電腦對古老的太克（Tektronix）列印裝置發出指令。這台印表機在一張白紙上的奇怪位置忠實地敲出點點，當它的嘩啦巨響停止時，結果出現像是少量的灰塵弄髒了整張白紙。本華・曼德博（Benoît Mandelbrot）不可置信地揉了揉眼睛。他覺得這個十分重要，但它究竟是什麼呢？在他眼前慢慢呈現的影像，就像在顯影液中浮出的黑白照片。這是人類首度一窺碎形世界裡的圖樣，我們稱作「曼德博集合」。

這是場出類拔萃的數學實驗，以此方式，數學家就能跟物理學家和化學家一樣，在實驗台上對這門學科進行探究。他們現在也能夠進行實驗。眼前真正打開了一片全新的視野，從「定義、定理、證明」的枯燥地帶解放出來，然而之後還是得回歸到嚴苛的理性論證。

這個實驗方法的不利之處，在於視覺影像先於理論基礎。實驗者是在沒有地圖的情況下航行。雖然曼德博創造了新的詞彙：「碎形（fractal）」，但他們是什麼呢？能否像以往的數學一樣，給他們一個精確的定義呢？一開始，曼德博並不想這麼做。他不想用可能不太合適或有所侷限的鮮明定義，摧毀了這個經驗帶來的神奇魔力。他覺得碎形的概念就像是「美酒」，在裝瓶之前需要陳放一點時間。

曼德博集合

曼德博和他的同事在當時並不屬於崇尚深奧理論的數學家。他們考慮的是使用最簡單的方程式。整體的概念立基於「疊代（iteration）」——多次且不斷地應用一個方程式。產生曼德博集合的方程式就只是簡單的 $x^2 + c$。

大事紀

西元 1879	西元 1904	西元 1918
凱萊研究現代碎形的前導	馮科赫創造他的雪花曲線	豪斯多夫提出分數維度的概念

　　我們要做的第一件事情是選擇一個 c 值。我們先選擇 $c = 0.5$。從 $x = 0$ 開始，我們將 $x = 0$ 代入方程式 $x^2 + 0.5$。第一次的計算得到的結果是 0.5。現在，我們將 x 設為 0.5，代入方程式 $x^2 + 0.5$，得到的第二個計算結果是：$(0.5)^2 + 0.5 = 0.75$。繼續進行，在第三階段會得到 $(0.75)^2 + 0.5 = 1.0625$。所有的計算，都可以用計算機完成。接著繼續下去，我們發現得到的答案越來越大。

　　讓我們來試試另一個 c 值，這次是 $c = -0.5$。誠如先前一般，我們先從 $x = 0$ 開始，將之代入 $x^2 - 0.5$，結果得到 -0.5。繼續進行，接著得到的是 -0.25，不過這次的值並沒有越變越大，而是在幾次擺盪之後，停頓在一個接近 $-0.3660\cdots$ 的數字。

　　因此，若選擇 $c = 0.5$，從 $x = 0$ 開始的數列會飛快地奔向無限大，但若選擇的是 $c = -0.5$，我們會發現從 $x = 0$ 開始的數列，實際上將收斂到一個接近 -0.3660 的值。曼德博集合是指使序列不延伸到無限大的所有 c 值之集合，因此從 $x = 0$ 開始的數列並不會跑到無限大。

　　這並不是故事的全貌，因為到目前為止，我們只考慮過一維的實數，只提出一維的曼德博集合，所以我們了解的還不多。需要考慮的是相同的方程式 $z^2 + c$，但其中的 z 和 c 是二維複數。這會讓我們得到二維的曼德博集合。

　　對於曼德博集合中的某些 c 值，z 的數列或許會出現各式各樣的奇怪情況，像是在一些點之間跳動，但他們還是不會跑到無限大。在曼德博集合中，我們看見另一個碎形的關鍵性質：自我相似性。如果你放大集合，你無法確定到底放大了幾倍，因為你只會看到更多的曼德博集合。

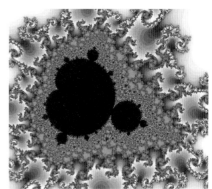

曼德博集合

在曼德博之前

　　就像數學中的許多事情一樣，「發現」很少是完全嶄新的。深入探究歷史，曼德博發現，像是亨利 · 龐加萊和阿瑟 · 凱萊這些數學家們在先前的一百年就曾對這個概念短暫一瞥。遺憾的是，他們沒有強大的計算能力來進一步研究這些問題。

西元 1919
朱利亞和法圖研究在複數平面上的碎形結構

西元 1975
曼德博提出「碎形」這個名詞

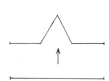

科赫雪花的生成元素

碎形理論者首波發現的形狀，包括過去被視為曲線的奇怪例子而棄之不理的怪曲線和「怪獸曲線」。因為他們是如此奇怪，所以向來被鎖在數學家櫥櫃裡，沒受到注意。那時喜歡的是比較正常的「平滑」曲線，可以用微分來處理。隨著碎形的普及，有兩位數學家的研究再度活躍，他們是加斯頓‧朱立安（Gaston Julia）和皮爾‧法圖（Pierre Fatou），在第一次世界大戰過後的那些年間，研究複數平面上的類碎形結構。當然，他們的曲線並不叫做碎形，而且數學家們也沒有技術設備可以看見他們的形狀。

其他知名碎形

知名的科赫曲線，是以瑞典的數學家尼爾斯‧法比安‧海里格‧馮科赫（Niels Fabian Helge von Koch）命名。雪花曲線實際上是第一個碎形曲線。這是將三角形的邊視為元素而生成，將之切分成三部分、每分的長是 $\frac{1}{3}$，然後在中間的位置加上一個三角形。

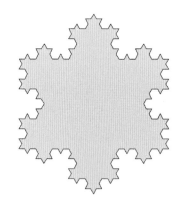

科赫雪花

科赫曲線的奇特性質是它具有有限的面積，因為它永遠保持在一個圓的裡面，但隨著各階段的生成，它的長度也跟著增加。這是一個包含在有限面積、但卻有「無限」週長的曲線！

另一個知名碎形，是以波蘭的數學家瓦茨瓦夫‧西爾平斯基（Wactaw Sierpiński）命名。它是從一個等邊三角形中減去三角形（如圖所示）而達成，藉由持續這個過程，我們會得到西爾平斯基船（第 13 章有不同的生成過程）。

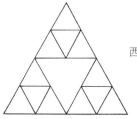

西爾平斯基船帆

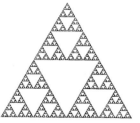

分數維度

費利克斯‧豪斯多夫（Felix Hausdorff）探究維度的方法相當創新。他的作法必須用到規模比例。如果有條線以 3 為因數按比例增長，它的長就是原先長度的三倍。因為 $3 = 3^1$，因此這條線是維度 1。如果一個實心正方形以 3 為因數按

比例放大，它的面積就是先前面積的 9 倍或是 3^2 倍，因此維度是 2。如果一個立方體也按照這樣的比例放大，它的體積是先前體積的 27 倍或 3^3 倍，因此它的維度是 3。豪斯多夫維度的這些值，全都跟我們對於線、正方形或立方體的預期一致。

如果科赫曲線的基本單位按比例放大 3 倍，它就會變成先前的 4 倍。根據所描述的規劃，豪斯多夫維度是 $4 = 3D$ 中的 D 值。另一種計算方法為：

$$D = \frac{\log 4}{\log 3}$$

意思是科赫曲線的 D 值大約是 1.262。在碎形中，常見的情況是豪斯多夫維度大於普通維度，例如在科赫曲線的例子中是 1。

豪斯多夫維度讓我們知道曼德博的碎形定義：點的集合，其中的 D 值不是整數。分數維度成為碎形的關鍵性質。

碎形的應用

碎形的應用潛力相當廣泛。可以作為良好的數學媒介，用來模擬自然物體，像是植物生長或是雲的形成。

碎形已經被應用到海洋生物的成長，像是珊瑚和海綿。現代城市的擴展，也已經證明跟碎形成長有相似性。在醫學中，研究者將其應用在模擬大腦的活動。此外，股票以及外匯市場的變動，其碎形本質也持續受到研究。曼德博的研究打開了一個新的視野，但仍有許多未知的部分等待被發現。

重點概念
碎形具有分數維度

26 混沌

可能會有混沌理論（Chaos theory）嗎？混沌當然可以在沒有理論的情況下發生嗎？這個故事可以回溯到 1812 年。當時，拿破崙正在大舉進攻莫斯科，他的同胞皮耶 · 西蒙 · 拉普拉斯侯爵（Pierre-Simon de Laplace）發表了一篇關於「確定性宇宙」的文章：如果在一個特定的瞬間，宇宙中所有物體的位置和速度都是已知，若有力作用其上，那麼這些量在未來的所有時刻都可以確切地計算出來，宇宙和其中的所有物體，都將能完全地確定。混沌理論則是讓我們知道，世界遠比理論更錯綜複雜。

在真實的世界裡，我們無法確切地知道所有的位置、速度和力，但拉普拉斯的信念所做的推論是，如果我們知道某一瞬間的近似值，無論如何宇宙都不會有太大的差別。這聽來言之有理，在槍聲鳴起後十分之一秒起跑的短跑選手，當然會比他們平時所用的時間晚十分之一秒衝過終點線。這樣的信念是，初始條件的微小差異，意味著最終結果的微小差異。然而混沌理論推翻了這樣的概念。

蝴蝶效應

蝴蝶效應讓我們看到初始條件與特定條件的些微差異，能產生跟預測相當不同的實際結果。如果原本天氣的預測是歐洲天氣晴朗，但若此時在南美有隻蝴蝶搧了搧翅膀，那麼可能實際上會造成地球的另一邊出現暴風雨，因為翅膀的煽動稍稍地改變了一點氣壓，造成天氣模式跟原先預報的情況完全不同。

我們可以用簡單的機械實驗來說明這個概念。如果你從一個上方開口的釘板箱丟下一個滾珠，它會向下掉落，根據它一路上碰到的不同釘子而偏向這條或另一條路，直到觸及箱底的終點狹槽。

接著你再試著讓另一顆完全相同的滾珠，在一模一樣的位置，以恰好相等的速度落下。如果你可以確切地做到這點，那麼拉普拉斯侯爵就是對的，滾珠經過的路徑會完全相同。如果第一顆滾珠掉進右邊數來的第三個狹槽，那麼第二顆滾珠也應該落進這裡。

然而，你當然無法讓滾珠從完全相同的位置，以完全相同的力和速度落下。事實上，其中有著非常細微的差異，小到你可能甚至無法測量。結果是滾珠或許走了非常不同的路徑到達底部，因此很有可能在最後落進不同的狹槽裡。

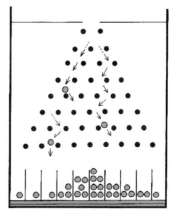
釘板箱實驗

單擺

自由鐘擺是最容易分析的機械系統之一。隨著鐘擺的來回擺動，它會漸漸失去能量。擺錘的垂直位移和（角）速度會逐漸減少，直到最後完全靜止。

擺錘的運動可以畫成一個相圖。在水平軸（橫軸）上測量（角）位移，而在垂直軸（縱軸）上測量速度。釋放的點，標記成正水平軸上的 A 點。A 點的位移最大，而速度為 0。當擺錘移動到通過垂直軸（位移是 0）時，速度達到最高，而這點在相圖上標記為 B。當到達 C 點時，擺錘是在擺動的另一個端點，此時的位移是負的，而速度為 0。然後擺錘又擺回到通過 D 點（在此擺錘往相反的方向移動，因此它的速度為負），並且在到達 E 點時完成一次擺動。在相圖中，這是由 360 度的旋轉來表現，但是因為擺動幅度縮小，所以 E 點是出現在 A 點的內側。隨著鐘擺的擺動幅度越來越小，這個相圖會成螺旋形狀進到原點，直到擺錘完全停止移動。

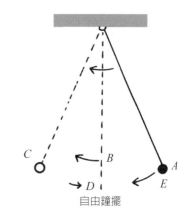
自由鐘擺

西元 1971

羅伯特・梅伊（Robert May）研究族群模型中的混沌

西元 2004

混沌理論因為電影《蝴蝶效應》（Butterfly Effect）而成為流行文化

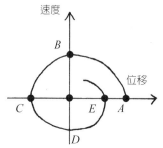

速度

位移

單擺的相圖

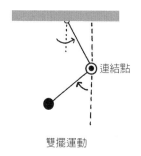

連結點

雙擺運動

雙擺就不是這樣，在雙擺的情況中，擺錘是位在相連兩桿的尾端。如果位移較小，雙擺的運動就跟單擺相似，但如果位移較大，擺錘會擺動、旋轉並搖搖晃晃，而中間連接點的位移似乎是隨機的。如果運動沒有受力，擺錘最後也會靜止下來，但運動過程所描繪的曲線，則是跟單擺規矩的螺旋形狀大不相同。

混沌運動

混沌的特性是，確定性的系統可能會產生隨機的行為。讓我們來看看另外一個例子，重複（或疊代）的公式 $a \times p \times (1-p)$，其中的 p 代表人口，根據從 0 到 1 的量表來測量比例。a 值必須是在 0 到 4 之間的某個值，以確保 p 值都保持在 0 到 1 之間的範圍。

讓我們來模擬當 $a = 2$ 時的人口。如果我們挑選一個點，例如 $p = 0.3$，從時間為 0 時開始，然後找出時間為 1 時的人口，我們將 $p = 0.3$ 代入 $a \times p \times (1-p)$，得到 0.42。只要用計算機，我們就能夠重複這個運算，如果用 $p = 0.42$，我們會得到下一個數字 0.4872。以此持續進行，我們可以找到後續時間的人口。在這樣的情況下，人口很快地穩定在 $p = 0.5$。這樣的穩定狀態，發生在 a 值小於 3 的情況。

如果現在我們選擇 $a = 3.9$，相當接近可允許的最大值 4，並使用相同的起始人口 $p = 0.3$，結果發現人口並沒有穩定下來，而是擺盪得相當厲害。這是因為 a 值位於「混沌區（chaotic region）」，也就是說，a 是比 3.57 大的數字。此外，如果我們選擇不同的起始人口，如 $p = 0.29$（非常接近 0.3），人口成長的最初會跟隨先前的成長模式，但接著會開始跟它完全分離。這是愛德華·羅倫茲（Edward Lorenz）在 1961 年所經歷過的特性（參見本頁下圖表框內容）。

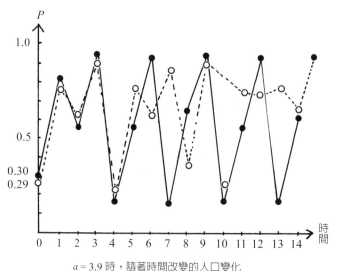

$a = 3.9$ 時，隨著時間改變的人口變化

天氣預報

就算使用非常強大的電腦，我們也知道，無法百分百事先預報幾天之後的天氣。即便是在幾天之內，預報的天氣還是時常會帶給我們意外的驚喜。

這是因為管控天氣的方程式是非線性的，他們需要把幾個變量乘在一起，並不只是考慮變量本身。

氣象預報背後所用的數學理論，是由法國工程師克勞德・納維（Claude Navier）和英國數學物理學家喬治・斯托克斯（George Gabriel Stokes）分別於 1821 年和 1845 年研究出來。納維—斯托克斯方程式的結果，讓科學家產生強烈興趣。位於美國麻州劍橋的克雷數學研究所（Clay Mathematics Institute）提供百萬美元的獎金，希望有人能解開秘密的數學理論。在流體流動問題方面，關於高層大氣的平穩運動我們已經了解許多。不過，接近地球表面的氣流會製造紊流，產生混沌，因而後續會出現大量未知的反應變化。

雖然有關線性方程式系統的理論我們已經了解很多，但納維—斯托克斯方程式內含非線性的項，這讓方程式變得相當棘手。實際上，解決的唯一方法，就是使用強大的電腦來運算這些數字。

從氣象學到數學

在 1961 年左右，蝴蝶效應的出現被偶然發現。當時在 MIT 的氣象學家愛德華・羅倫茲想去喝杯咖啡，所以就讓他那部老舊的電腦繼續繪圖，當他回來的時候，發生了一些意想不到的事。他原本的目的是重現一些有趣的天氣圖，但他卻發現新繪的圖完全無法辨識。他覺得相當奇怪，因為他輸入的是相同的起始值，應該會畫出相同的圖樣。難道是時候要換掉他的舊電腦，買一台比較牢靠的新電腦了嗎？

稍做思考之後，他確實找到差異，他發現自己輸入的起始值並不相同：先前他用的是小數點 6 位數的值，但電腦重跑數據的時候，只用到小數點第三位。為了解釋這樣的不同，他創造了一個名詞叫「蝴蝶效應」。在這個事件之後，他在研究方面的興趣就從氣象學轉移到數學。

奇異吸子

動態系統可以被想成是在自己的相圖上擁有「吸子」。在單擺的例子中，吸子是原點上的單一個點，而運動就是被吸引地朝向它。至於雙擺就比較複雜，但即便是這種情況，相圖也呈現出某種規律性，也就是受到一組點的吸引。對於像這樣的系統，這組點可能形成一個碎形（參見第 25 章），被稱為「奇異」吸子，具有明確的數學結構。正因如此，我們尚存希望，在新的混沌理論中，並不再是那麼「混沌」的混沌，而是「規律」的混沌。

重點概念
碎形其實是規律的混亂

27 平行公設

這是個充滿戲劇張力的故事，始於一個單純的劇情。想像有一條線 *l* 和一個不在線上的點 *P*。我們可以畫出多少條通過點 *P* 且平行 *l* 的線？很顯然只有唯一一條線會通過 *P* 點，並且無論往哪個方向延伸多長，這條線都永遠不會與 *l* 相交。這個論點似乎不言而喻，並且與普通常識完全一致。歐幾里得將論點稍做變化，並納入他所著的幾何學基礎《幾何原本》的公設之一。

P
•

—————————————

l

普通常識並非永遠都是可靠的，我們應該要看看歐幾里得的假設是否也符合數學常識。

歐幾里得的《幾何原本》

歐幾里得的幾何學是在《幾何原本》的第十三卷中提出，完成的時間約在西元前 300 年。它是史上最有影響力的數學教科書之一，希臘的數學家們認為，這本書是第一本有系統的幾何學法典。後來的學者仔細研讀尚存的手稿並將之翻譯，使其流傳後世並受各界讚頌為幾何學的最佳典範。

《幾何原本》進入到學校後的角色，由「聖書」變成幾何教學的重要讀本。然而，事實證明它還是不適合年幼的學生。詩人希爾頓（A. C. Hilton）曾嘲諷地說：「儘管他們死記硬背地全寫下來，但還是寫得不對。」你或許會說，歐幾里得是為大人，而不是為孩子撰寫此書。在十九世紀的英國學校，本書的影響力達到了頂點，因為它成為學校課程的一門學科，時至今日，它仍是數學家的試金石。

大事紀

西元前 約 300	西元 1829～1831	西元 1854
歐幾里得將平行公設納入他的《幾何原本》	羅巴切夫斯基和鮑耶發表他們關於雙曲線幾何學的研究	黎曼講授有關幾何學的基礎

歐幾里得的《幾何原本》能如此受到矚目，正是因為它本身的風格。它的成就是將幾何學用一系列已經證明的命題來呈現。福爾摩斯（Sherlock Holmes）應該會相當欣賞它的演繹系統，因為它能以先進的邏輯清楚陳述公設，或許他還可能因為華生醫生沒有將它視之為「冷酷不帶感情的系統」而斥責他。

儘管歐幾里得這雄偉的幾何學立基於公設（現今稱為公理），但光是這些還不夠。歐幾里得增加了「定義（definitions）」和「共有概念（common notions）」。定義出包含「點是沒有部分的」以及「線只有長度而沒有寬度」這樣的聲明。共有概念則包含「整體大於部分」以及「兩樣東西相等於同一個東西，則這兩樣東西相等」。直到十九世紀末期，才公認歐幾里得做出了大家心照不宣的假設。

第五公設

從《幾何原本》首度出現後的兩千多年以來，歐幾里得的第五公設一直有所爭議。光風格本身，就過於冗長和笨拙。歐幾里得自己對此也不滿意，但他需要這個公設來證明命題，所以必須將之包含其中。他曾試圖用其他公設來證明，但卻以失敗收場。

後來的數學家不是嘗試證明，就是用比較簡單的公設加以取代。1795 年，約翰 · 普雷費爾（John Playfair）使用的陳述方式獲得普遍好評：對於直線 *l* 和不在線上的點 *P*，有條獨一無二的直線通過 *P* 且平行 *l*。

大約在同一時期，阿德里安 · 馬里 · 勒壤得（Adrien Marie Legendre）用另一個等價的版本來代替，當時他主張三角形的內角和為 180 度。這些新的第五公設，或多或少有幫助使大

歐幾里得的公設

數學的特性之一是：少數的幾個假設就可以產生龐大的理論。歐幾里得的公設就是絕佳的例子，為後來的公理系統設立了典範。他的五個公設為：

1. 從任一點到任一點都可以畫出一條直線；
2. 直線線段可以在一條直線上無限延伸；
3. 任一圓心和任意半徑都可畫成一個圓；
4. 所有直角都彼此相等；
5. 若一條直線與兩條直線相交，使得同側的內角和小於兩個直角，若這兩條直線無限延伸，則會在內角和小於兩個直角的那一側相交。

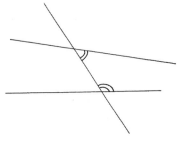

歐幾里得的第五公設

家更能理解。他們比歐幾里得笨拙的版本更容易爲人接受。

對於第五公設的另一條進攻路線，是尋找它難以理解的證明，這點對於它的擁護者有莫大的吸引力。如果可以找到證明，公設便會成爲定理，然後就可以從火線上功成身退。遺憾的是，這些嘗試的結果最後都成爲循環推理，也就是論證的假設正好是嘗試要證明的事物。

非歐幾里得（非歐）幾何

卡爾 • 弗里德里希 • 高斯、鮑耶 • 亞諾什（Bolyai János）和尼古拉 • 羅巴切夫斯基（Nikolai Ivanovich Lobachevsky）的研究帶來了重大的突破。高斯並沒有發表他的研究，但顯然他在1817年已經得出他的結論。鮑耶在1831年、羅巴切夫斯基在1829年，兩人獨立地發表各自的研究，也因此造成兩者之間孰先孰後的爭議。然而這幾位學者的聰明才智，絕對都是無庸置疑的。他們有效地證明第五公設獨立於其他四個公設。並藉由將它的否定加在其他四個公設上，證明了可能有一致的系統存在。

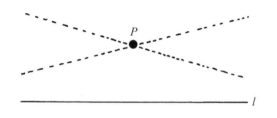

鮑耶和羅巴切夫斯基建構出新的幾何學：允許通過 P 點且不與 l 線相交的線多於一條。怎麼可能呢？虛線當然會跟 l 相交。如果我們接受這點，我們就不自覺地落入了歐幾里得的觀點。這個圖其實是騙人的把戲，因爲鮑耶和羅巴切夫斯基提出的是一個新的幾何學，並沒有遵循歐幾里得的常識。事實上，他們的非歐幾何可想成是曲面上的幾何，這樣的曲面也被稱爲擬球面。

擬球面上兩點間的最短路徑，跟歐幾里得幾何的直線扮演相同的角色。非歐幾何的奇特性質之一，是三角形的內角和小於180度。這樣的幾何學被稱爲雙曲線幾何學。

關於第五公設的另一種陳述是：通過 P 點的每條線都會跟 l 線相交。換句話說，沒有一條通過 P 點的線會跟 l 線「平行」。這種幾何不同於鮑耶和羅巴切夫斯基的幾何，但也絕對是名符其實的幾何。其中一種典型是在球面上的幾何。此處的大圓（跟球體本身有相同周長的圓），扮演著歐幾里得幾何中的直線角色。在這種非歐幾何中，三角形的內角和大於180度。

這被稱做爲橢圓幾何學，跟德國數學家波恩哈德 • 黎曼（Bernhard Riemann）有關，他在1850年代研究這種幾何。

　　曾被視作唯一眞實幾何〔根據伊曼努爾・康德（Immanuel Kant）的說法是「人類生來就有」的幾何〕的歐幾里得幾何，已經喪失其崇高地位。歐幾里得幾何現在是眾多的系統之一，夾在雙曲線幾何與橢圓幾何之間。菲利克斯・克萊因在1872年將不同的版本合而爲一。非歐幾何的出現，在數學界裡是極爲重大的事件，也爲愛因斯坦的廣義相對論的幾何（參見第48章）奠定基礎。廣義相對論需要新的幾何種類：彎曲時間─空間的幾何，或稱作黎曼幾何。現在解釋東西爲什麼會落下，用的是非歐幾何，而不是牛頓提出的物體間吸引性的引力。宇宙中存在的大質量物體（像是地球和太陽），會造成時間─空間彎曲。就像在薄橡膠布上放一顆彈珠，會造成小小的凹陷，但若放的是一顆保齡球，結果會導致巨大的扭曲。

　　這種由黎曼幾何測量的曲率，可以預測光束在遇到大質量物體時會如何曲折。在普通的歐幾里得空間中，時間是獨立的成分，無法滿足廣義相對論的需求。其中一個理由是：歐基里得空間是平的，完全沒有曲率。想像有張放在桌上的紙，我們可以說紙上任何一點的曲率都是0。而在黎曼時間─空間的背後是連續變化的曲率概念，就像是一塊弄皺的布，在不同點上的曲率也有所不同。好像是你看著遊樂場裡的哈哈鏡，看到什麼影像，取決於你看到鏡子的何處。

　　無怪乎在1850年代，高斯對於年輕的黎曼有如此深刻的印象，甚至在當時指出，空間的「形上學」會因爲他的洞察而出現重大變革。

重點概念
假使平行線眞的相交會怎麼樣呢？

28 離散幾何

幾何（geometry）是最古老的工藝之一，就字面上來看，是指對土地（geo）的測量（metry）。在普通的幾何學中，我們研究的是連續的線和實體的形狀，這兩者都可被視為由彼此「相連」的點所組合而成。離散（discrete）數學處理的是整數，而不是連續的實數。離散幾何可能包含有限數量的點和線，或是晶格點，連續被孤立所取代。

晶格或網格通常是一組座標為整數的點。這種幾何會造成有趣的問題，並且被應用在迥然不同的領域之中，像是編碼理論和科學實驗的設計。

讓我們來看看投射出光束的燈塔。想像一下，光線從原點 O 開始，在垂直與水平之間來回掃過。我們可以問問哪些光擊中哪些晶格點（像是繫在碼頭排列相當整齊的船隻）。

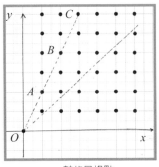

x-y 軸的晶格點

光線通過原點的方程式為 $y = mx$。這個方程式代表以斜率 m 通過原點的直線。如果光線是 $y = 2x$，那麼這道光就會擊中座標 $x = 1$ 且 $y = 2$ 的點，因為這些值滿足這個方程式。如果光線擊中 $x = a$ 且 $y = b$ 的晶格點，那麼斜率 m 就等於分數 $\frac{b}{a}$。因此，如果 m 不是真正的分數（例如，或許是 $\sqrt{2}$），那麼光線就不會擊中任何一個晶格點。

光線 $y = 2x$ 會擊中 A 點（座標為 $x = 1$ 且 $y = 2$），但卻打不到 B 點（座標為 $x = 2$ 且 $y = 4$）和其他在 A「背後」的所有點（例如 C 點，座標為 $x = 3$ 且 $y = 6$；以及 D 點 $x = 4$ 且 $y = 8$）。

我們可以想像自己位在原點，試著辨認可以看見的點，以及那些被遮掩的點。

我們可以證明，那些可被看見的點（座標為 $x = a$ 且 $y = b$），就是 a、b 彼

大事紀

西元 1639	西元 1806	西元 1846
巴斯卡在年僅十六歲時發現巴斯卡定理	布里昂雄發現巴斯卡定理的對偶定理	柯克曼預見史坦納三元系統的發現

此互質的點。這些點的座標就像是 $x = 2$ 且 $y = 3$，除了 1 之外沒有別的數可以整除他們。在這些點背後的點都是它的倍數，例如 $x = 4$ 且 $y = 6$ 或 $x = 6$ 且 $y = 9$ 等等。

皮克定理

　　奧地利數學家喬治‧皮克（Georg Pick）因爲兩件事而聲名遠播。其一是他有個摯友叫阿爾伯特‧愛因斯坦（Albert Einstein），且經證明皮克在 1911 年曾幫助過這位年輕的科學家愛因斯坦進入布拉格（Prague）的德國大學（German University）。另一件則是他寫了篇短短的論文於 1899 年發表，內容是關於「網狀」的幾何。他畢生研究的主題相當廣泛，而他爲世人所記住的原因則是那迷人的皮克定理，確實是個絕妙出色的定理啊！

　　皮克定理提出一種方法可以計算多邊形的面積，這種多邊形是由座標爲整數的點相連圍成，稱爲彈珠數學。

　　若要找出（本頁下圖）形狀的面積，我們必須先計算邊線上實心點（●）的數量以及內部空心點（○）的數量。在本例子中，邊線上實心點的數量是 $b = 22$，而內部空心點的數量是 $c = 7$。這就是我們使用皮克定理所需要的全部資訊，接著我們可以得到：

$$面積 = \frac{b}{2} + c - 1$$

　　由這個公式，可算出面積等於 $\frac{22}{2} + 7 - 1 = 17$。面積爲 17 平方單位。就是那麼簡單。皮克定理可以應用到整數座標由離散點所相連的任何形狀，唯一的條件是邊線本身不能交叉。

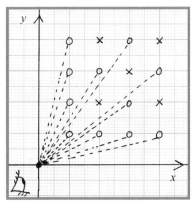

從原點「可見」的點（O）以及
被遮蔽的點（X）

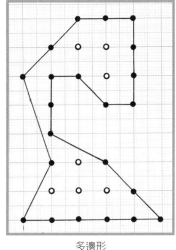

多邊形

西元 **1892**

法諾發現法諾平面，此爲投影幾何最簡單的例子

西元 **1899**

皮克發表皮克定理，這是關於多邊形的面積

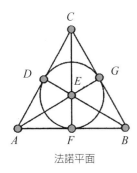

法諾平面

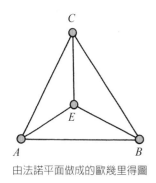

由法諾平面做成的歐幾里得圖

法諾平面

　　發現法諾平面幾何的時間，大約跟皮克的方程式差不多時期，但卻跟測量任何東西完全沒有關係。這是以義大利數學家基諾・法諾（Gino Fano）命名，他是有限幾何研究的先驅，而法諾平面是「投影」幾何中最簡單的例子。這個平面只有 7 個點和 7 條線。

　　7 個點分別標記為 A、B、C、D、E、F 和 G。在這之中很容易就可以找出 6 條線，但是第 7 條線在哪裡呢？幾何的性質以及作圖的方法有必要把 DGF 當作第 7 條線，也就是通過 D、F 和 G 的圓。這麼做並沒有問題，因為在離散幾何的傳統意義中，線並不一定要是「直的」。

　　這小小的幾何有著許多性質，例如：

- 每兩個點決定一條通過彼此的線；
- 每兩條線決定一個置於兩者之上的點。

　　這兩個性質，清楚闡明了出現在這類幾何的顯著二元性。第二個性質，不過就是把第一個性質中的「點」和「線」這兩個字交換，同樣的，第一個性質就是把第二個性質做相同的交換。

　　在任何真命題中，如果我們把兩個字交換並做個小小的調整來讓語句正確，我們會得到另一個真命題。投影幾何非常對稱，但歐幾里得幾何就不是這樣。在歐幾里得幾何中有平行線，也就是兩條永遠不會相交的線。我們在歐幾里得幾何中，可以相當開心地談論平行的概念。但在投影幾何中不可能出現這種情況。在投影幾何中，任兩條線都會相交在一點。對於數學家而言，這代表歐幾里得幾何是一種比較次等的幾何。

　　如果我們從法諾平面中移除一條線和它的點，我們會再次回到不對稱的歐幾里得幾何領域——有平行線存在的領地。假設我們移除「圓的」線 DFG，就會得到歐幾里得圖。

　　少掉一條線之後，我們現在有六條線：AB、AC、AE、BC、BE 和 CE。現在有幾對線是「平行的」，亦即 AB 和 CE、AC 和 BE，以及 BC 和 AE。這裡說的平行，是指他們沒有共用的點，就像是 AB 和 CE。

　　法諾平面在數學中占有一個代表性的位置，因為它跟許多的概念和應用都有關聯。它是托馬斯・柯克曼（Thomas Kirkman）的女學

生問題（參見第 41 章）的一個關鍵。在實驗設計的理論中，法諾平面以千變萬化的史坦納三元系統（Steiner Triple System, STS）來舉例。假設有有限數量 n 個物體，STS 是種方法將他們分成三個一組，使得每從 n 個物體中任取一對時，這兩個剛剛好在同一組裡。假設有 7 個物體 A、B、C、D、E、F 和 G，STS 中的各組則對應到法諾平面的線。

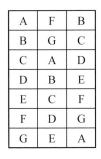

A	F	B
B	G	C
C	A	D
D	B	E
E	C	F
F	D	G
G	E	A

一對定理

巴斯卡定理和布里昂雄（Brianchon）定理位處於連續幾何與離散幾何之間的邊界。他們並不相同，但卻彼此相關。巴斯卡定理是由布萊茲・巴斯卡在 1639 年發現，當時的他年僅十六歲。讓我們取一個拉長的圓，稱之爲橢圓，沿著邊標記上 6 個點，分別爲 A_1、B_1 和 C_1 以及 A_2、B_2 和 C_2。我們稱 P 點爲線段 A_1B_2 和線段 A_2B_1 的交點；Q 點爲線段 A_1C_2 和線段 A_2C_1 的交點；R 點爲線段 B_1C_2 和線段 B_2C_1 的交點。此一定理陳述到，P、Q 和 R 全都位在單一條直線上。

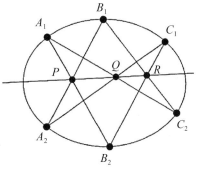

巴斯卡定理

無論這些不同的點位在橢圓的何處，巴斯卡定理都爲眞。事實上，我們可以用不同的圓錐曲線代替橢圓，像是雙曲線、圓、拋物線，甚至是一對直線（這種情況的配置結構被指稱爲「翻花繩」），而定理仍然爲眞。

布里昂雄定理在許久之後才被發現，發現者爲法國數學家暨化學家查爾斯・朱利恩・布里昂雄（Charles-Julien Brianchon）。讓我們沿著橢圓的圓周畫出 6 條切線，分別稱爲 a_1、b_1 和 c_1 及 a_2、b_2 和 c_2。接著，我們可以根據線的相交定義出 3 條對角線，p、q 和 r，如此一來：p 是 a_1、b_2 相交的點與 a_2、b_1 相交的點之間的連線；q 是 a_1、c_2 相交的點與 a_2、c_1 相交的點之間的連線；r 是 b_1、c_2 相交的點與 b_2、c_1 相交的點之間的連線。布里昂雄定理說到，p、q 和 r 會交於一點。

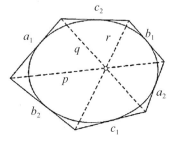

布里昂雄定理

這兩個定理彼此對偶，這也是投影幾何定理成對出現的另一個範例。

重點概念
每個數學家都有各別感興趣的點，
就如同離散的點

29 圖

數學中有兩種類型的圖。我們在學校畫曲線來顯示變量 x 和 y 之間的關係。另一種比較新穎的類型，是用波動的線把點相連。

康尼斯堡（Königsberg）是位在東普魯士（East Prussia）的一個城市，以擁有 7 座橫跨普格河（River Pregel）的橋樑而聞名。這裡是偉大哲學家伊曼努爾 · 康德（Immanuel Kant）的家鄉，而這個城市與它的橋樑，也跟知名的數學家李昂哈德 · 歐拉有關聯。

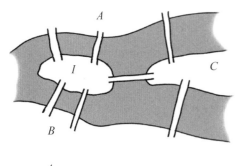

在十八世紀有一個奇妙有趣的問題：是否有可能在康尼斯堡出發，跨越且只經過每座橋樑一次來繞行這個城市？結束不需要在最初的起始點，但需要橫跨每一座橋樑一次。

在 1735 年，歐拉對俄羅斯學院（Russian Academy）提出這個問題的解答，他的答案現今被視為現代圖論的開端。我們在半抽象的圖中，把河中央的小島標上 I，各個河岸則分別標記為 A、B 和 C。你是否能為週日的午後制訂一個散步計畫，跨越所有的橋樑且分別只走過一次呢？

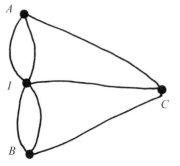

請拿隻鉛筆來試試看。關鍵步驟是去掉半抽象的部分，進展到完全的抽象。這麼做之後，我們會得到一個點和線的圖。陸地用「點」來代表，而之間串連的橋樑連則是用「線」來表示。我們不在乎線直不直或長度是否不同，因為這些都無關緊要。唯一重要的是之間的連結。

大事紀

圖　117

　　歐拉觀察到一種成功的步行方式。除了步行的起點和終點之外，每次跨過橋樑走進陸地的時候，都必須找到一座先前沒有走過的橋來離開這裡。

　　若把這個想法轉化成抽象的圖示，我們或許可以說，交於一點的線必須成對出現。除了代表起點和終點的兩點之外，若且唯若各個點都有偶數條線通過，就能橫跨每座橋樑。

　　交於一點的線的數量被稱為「度」。

5 度

歐拉定理說道：
若（除了最多兩點之外）所有的點都有偶數的度，小鎮或城市的橋樑都會剛好只被橫跨一次。

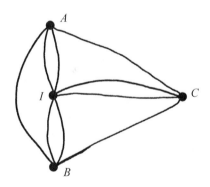

　　請看看代表康尼斯堡的圖，每個點的度數都為奇數。這表示，想步行跨過且只經過每座橋樑一次是不可能的。如果橋樑的設置有所改變，這樣的步行方式就會成為可能。如果在小島 *I* 和 *C* 之間多建一座橋樑，*I* 和 *C* 的度數就變成偶數。這表示我們能以 *A* 為起點、*B* 為終點，開始步行，跨越每座橋樑且都只經過一次。如果再建另一座橋，這次是在 *A*、*B* 之間（如右圖），我們從任何一點開始並回到相同的地方都可以這麼走，因為在這樣的情況下，每個點的度數都是偶數。

握手定理

　　如果我們被要求畫一個圖，其中必須包含三個具有奇數度的點，我們將會遇到困難。我們無法做到這點，因為：

西元 **1935**

喬治 · 波利亞（George Pólya）
將圖當作代數發展出計算技巧

西元 **1999**

艾立克 · 雷恩斯（Eric Rains）和尼爾 ·
斯洛恩（Neil Sloane）將樹的計數加以擴展

在任何圖中，具有奇數度的點數必須爲偶數。

這就是握手定理，也是圖論的第一個定理。在任何圖中，每條線都有起點和終點，換句話說，握手需要兩個人來握。

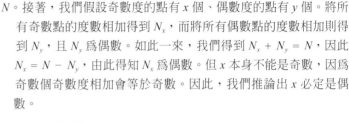

如果將整個圖中所有點的度數都相加，我們一定會得到一個偶數，假設爲 N。接著，我們假設奇數度的點有 x 個、偶數度的點有 y 個。將所有奇數點的度數相加得到 N_x，而將所有偶數點的度數相加則得到 N_y，且 N_y 爲偶數。如此一來，我們得到 $N_x + N_y = N$，因此 $N_x = N - N_y$，由此得知 N_x 爲偶數。但 x 本身不能是奇數，因爲奇數個奇數度相加會等於奇數。因此，我們推論出 x 必定是偶數。

非平面圖

公共設施問題是個古老的難題。想像有三間房子，另外有三種公共設施：水、電和瓦斯。我們必須將每間房子都接上各種設施，但這裡有個隱藏的困難點：連結但不能相交。

事實上不可能做到這點，但你或許可以讓一個搞不清楚狀況的朋友嘗試一下。在一個平面上，不可能畫出一張圖是三個點以各種可能的方式連接另外三個點（只有九條線），但這些線卻完全沒有相交。這樣的圖被稱爲非平面圖。這個公共設施的圖，以及由連接五個點的所有線所做出的圖，在圖論中有著特殊之處。在 1930 年，波蘭數學家卡齊米日 · 庫拉托夫斯基（Kazimierz Kuratowski）證明了令人吃驚的定理，一個圖不含上述兩種的任何一種作爲子圖（包含在主圖內的較小的圖），若且唯若這個圖就是平面的。

樹

「樹」是一種特別的圖，與公共設施圖或康尼斯堡圖相當不同。在康尼斯堡橋樑問題中，有機會從一個點開始，經由不同的路徑返回到這一點。從一個點返回到原來這個點，這樣的路徑被稱爲循環。而所謂的樹，就是沒有循環的圖。

根

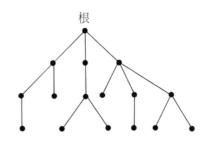

圖 119

關於樹圖，我們比較熟悉的例子是電腦目錄的配置方式。這是以階層的方式配置，有一個根目錄以及由此開始的一些子目錄。因為沒有循環，所以無法在不通過根目錄的情況下從一個分支跨到另一個分支，電腦使用者應該很熟悉這樣的操縱方式。

樹的計數

由特定的點數可以做出多少不同的樹呢？十九世紀，英國的數學家阿瑟 · 凱萊著手處理樹的計數問題。舉例來說，五個點剛好組成三種不同類型的樹：

凱萊可以計算少量的點能構成幾種不同類型的樹。他最多可計算到小於 14 個點能構成幾種類型的樹，在沒有電腦幫助的情況下，這已經是人類計算複雜度的極限。從那時起，計數至今已經進展到可以算出 22 個點能構成幾種類型的樹，這有著數百萬種的可能。

即便是在凱萊的年代，他的研究也有了實際的應用。樹的計數跟化學有關，有些化合物的識別性是由分子中的原子排列方式來決定的。原子數量相同但排列方式不同的化合物，會具備不同的化學性質。使用凱萊的分析，有可能在他的筆尖下預測化學物質的存在，而隨後在實驗室中發現他們。

重點概念
跨越康尼斯堡橋樑、走進樹林

30 四色問題

是誰會給年幼的小提姆一分這樣的聖誕禮物：四種顏色的蠟筆和空白的英國州郡地圖？可能是那位偶爾送來小禮物的製圖師鄰居，或者是住在附近的古怪數學家奧古斯塔斯‧德摩根，因為他跟提姆的爸爸打過招呼。但絕對不是小氣的史古基先生〔**Mr. Scrooge**，狄更斯筆下的《小氣財神》（*A Christmas Carol*）主角 **Ebenezer Scrooge**，是個吝嗇刻薄的守財奴〕。

克萊奇特（**Bob Cratchit**，《小氣財神》中史古基的夥計）住在肯頓鎮貝漢街上的褐色雙層公寓，位在新開的大學學院北邊，而德摩根正是那所大學的教授。當教授在新年時打電話問提姆是否在地圖上著色時，禮物的來源就真相大白了。

德摩根對於該如何著色有明確的想法：「你著色的方式，要讓地圖上緊連的兩個郡有不同的顏色。」

「但是我的顏色不夠」提姆想都沒想就這樣回答。德摩根笑了笑，讓提姆自己去完成這個任務。然而就在不久前，他的一個學生弗雷德里克‧蓋瑟瑞（Frederick Guthrie）曾問過他這個問題，並且提到如何只用四種顏色就能成功地為英國地圖著色。這個問題激起了德摩根的數學想像。

是否有可能只用四種顏色替任何地圖著色，好讓各個區域都清楚可辨呢？幾世紀以來，製圖師對於這點或許深信不疑，但這論點能否得到嚴謹的證明呢？除了英國州郡地圖，我們也可以考慮世界上的任何地圖，像是美國的州或法國的省，甚至是由任意的區域和邊界所組成的假想地圖。然而，只有三個顏色是不夠的。

大事紀

西元 **1852**	西元 **1879**	西元 **1890**
德摩根的學生蓋瑟瑞向他提出四色問題	一般相信肯普解決了這個問題	希伍德揭露肯普證明中的錯誤，並且證明五色定理

　　讓我們來看看美國西部各州的地圖。如果手邊只有藍色、綠色和紅色可用，我們可以從內華達州（Nevada）和愛達荷州（Idaho）開始著色。一開始用什麼顏色都沒有關係，我們選擇用藍色塗內華達州、綠色塗愛達荷州。這樣的選擇，意味著猶它州（Utah）一定得塗紅色，然後依序是用綠色塗亞利桑那州（Arizona）、紅色塗加州（California）和綠色塗奧勒岡州（Oregon）。這種塗法會讓奧勒岡州和愛達荷州都是綠色，這樣就無法區辨這兩個州。但如果我們有四種顏色，亦即加上黃色，我們便可以用這個顏色來塗奧勒岡州，這樣就能夠滿足所有需求。這四種顏色（藍色、綠色、紅色、黃色）是否能滿足任何地圖呢？這就是著名的四色問題。

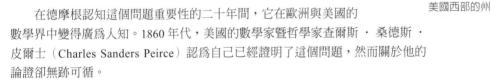

美國西部的州

問題的擴展

　　在德摩根認知這個問題重要性的二十年間，它在歐洲與美國的數學界中變得廣為人知。1860年代，美國的數學家暨哲學家查爾斯・桑德斯・皮爾士（Charles Sanders Peirce）認為自己已經證明了這個問題，然而關於他的論證卻無跡可循。

　　由於維多利亞時代的科學家法蘭西斯・高爾頓（Francis Galton）的介入，這個問題得到更多的關注。他看到其中的宣傳價值，因而誘騙著名的劍橋數學家阿瑟・凱萊在1878年寫下相關的論文。不幸的是，凱萊被迫承認自己的證明失敗，然而他觀察到如果只考慮三方地圖（正好有三個國家相交於一點）就很足夠。這個貢獻，激勵了他的學生阿爾弗雷德・布雷・肯普（Alfred Bray Kempe）嘗試找出解答。僅僅過了一年，肯普就宣布他已經找到證明。凱萊衷心地向他祝賀，而他的證明也被發表，並且獲得倫敦皇家學會的提名。

接下來發生什麼？

　　肯普的證明很長而且技術要求很高，雖然有一、兩個人尚未信服，但這個證明還是被廣為接受。令人驚訝的是，十年後英國杜倫（Durham）出身的珀西・希伍德（Percy Heawood）發現一個地圖例子，由此揭露了肯普論證中的缺失。儘管希伍德無法找出自己的證明，但他讓我們看到四色問題的挑戰還沒有結束。

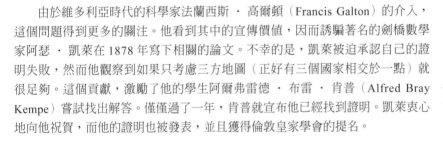

西元 **1976**

阿倍爾和哈根使用電腦對一般結果提出證明

西元 **1994**

電腦證明雖被簡化，但許多證明仍然仰賴電腦

簡單的甜甜圈或「環輪面」

兩個洞的環輪面

數學家只得再重頭開始，這對於一些想打出名號的新手也是個機會。

希伍德利用肯普的某些技巧證明了五色定理：用五種顏色可以為任何地圖著色。如果有人可以做一張無法用四色著色的地圖，將會是一個偉大的結果。事實上，數學家陷入了兩難：到底是四色還是五色？

基本的四色問題，考量的是畫在平面或球面上的地圖。如果地圖是畫在像甜甜圈（數學家對甜甜圈的興趣顯然是形狀遠大於味道）這樣的表面會如何呢？以這樣的表面，希伍德證明了七種顏色是為任何畫在上面的地圖著色的充要（充分且必要）條件。他甚至為多洞（h 個洞）甜甜圈證明了一個結果，計算在這樣的甜甜圈上保證能為任何地圖著色的顏色數量，不過他並沒有證明這些是最少的顏色數量。以下表格為希伍德的前幾個 h 值。

洞的數量（h）為：

洞的數量（h）	1	2	3	4	5	6	7	8
足夠的顏色數量（C）	7	8	9	10	11	12	12	13

一般而言，$C = \left[\frac{1}{2}(7 + \sqrt{1 + 48h})\right]$。中括號表示，我們只取這一項的整數部分。例如，當 $h = 8$，$C = [13.3107\cdots] = 13$。希伍德的方程式，是根據洞的數量大於 0 所導出。令人著急的是，如果代入禁止的值 $h = 0$，此一公式就會得到 $C = 4$。

問題解決了嗎？

五十年過後，這個在 1852 年出現的問題仍然未獲得證明。到了二十世紀，全世界的傑出數學家們絞盡腦汁還是無解。

但還是有一些進展，一位數學家證明，對於一張最多有 27 個國家的地圖，四種顏色已經足夠，另一位數學家更進一步證明，31 個國家也行得通，還有一個數學家更是達到了 35 個國家。如果持續下去，這一點一點的進展將會永遠地進行下去。事實上，肯普和凱萊在他們早期的論文中提到的觀察結果，提供了更好的前進方式。數學家們發現，他們只需要檢查某些地圖配置，就能保證四色已經足夠。其中的困難點在於要檢查的數量太大，在這些嘗試證明的初期，就已有

上千種地圖要檢查。這樣的檢查，可無法光用手計算就可以完成，但幸運的是，研究這個問題多年的德國數學家沃夫岡 · 哈根（Wolfgang Haken）獲得美國數學家暨電腦專家凱尼斯 · 阿倍爾（Kenneth Appel）的協助。

方法就是，只需要將檢查的配置數量降到 1500 以下。到了 1976 年的六月下旬，在歷經許多不眠的夜晚之後，他們與值得信賴的 IBM 370 電腦聯手完成了這項工作，終於攻破了這個重大的問題。

伊利諾大學數學系有了新的成就可以吹噓。他們將「發現已知最大質數」的郵票用「四色足夠」的新聞來取代。這是屬於地方性的驕傲，但來自全世界數學界的普遍讚揚在哪兒呢？畢竟，這是一個連年幼的小提姆都能理解，卻讓一些最偉大的數學家受到嘲弄與折磨超過一個世紀的可敬問題。

讚揚稀稀落落。有些人勉強接受這項工作已經完成，但還是有許多人依舊保持懷疑。麻煩的是，這是個基於電腦所得到的證明，而這點正好遠離傳統的數學證明形式。證明本身有可能難以領會，而且長度可能很長，但用電腦證明還是跨了太大一步。因為這會引發「可檢查性」的問題。怎麼可能會有人檢查證明所仰賴的數千行電腦程式。電腦編碼當然有可能發生錯誤，而一個錯誤，就可能造成無可挽回的失敗。

還不止於此。真正缺少的是「啊，原來如此！」的因素。因為沒有人能夠讀完全部的證明並激賞問題的細微差別，或是感受到論證的決定性部分，這些都是「啊，原來如此！」的時刻。砲火最猛烈的其中一位評論者，是著名的數學家保羅 · 哈爾莫斯（Paul Halmos）。他認為，電腦證明的可信程度，就跟聲譽良好的算命師不相上下。然而，許多人確實認可這項成就，只有勇敢或愚蠢的人，願意把寶貴的研究時間花在嘗試尋找需要五種顏色的地圖反例。他們在阿倍爾和哈根之前還有可能會這麼做，但是在之後就不可能了。

證明之後

自 1976 年以來，要檢查的配置數量已經減少一半，而電腦則是變得更快、功能更為強大。這表示，數學世界還在等待比傳統更短的證明。在此同時，四色定理已經在圖論中醞釀出重要問題，還有個附帶的效果，亦即挑戰數學家們關於是什麼構成數學證明的特有概念。

重點概念

地圖問題四個顏色就已經足夠

31 機率

明天下雪的機會有多少？我搭上早班火車的可能性有多高？你贏得樂透彩的機率有多大？機率、可能性、機會，全都是我們想知道答案時，經常會用到的詞彙。他們同時也是數學的機率論中的用語。

機率論非常重要。它跟不確定性有關係，也是風險評估的重要元素。然而，一個跟不確定性有關的理論能如何量化呢？畢竟，數學不該是個精確的科學嗎？

真正的問題是量化機率。

假定我們選擇一個地球上最簡單的例子，也就是丟擲硬幣。結果得到正面的機率是多少呢？我們或許會很快地回答：$\frac{1}{2}$（有時會用 0.5 或 50% 表達）。我們對這枚硬幣所做的假設是，它是枚公平的硬幣，意思是得到正面的機會跟得到反面的機會相同，因此得到正面的機率是 $\frac{1}{2}$。

涉及硬幣、盒子裡的球以及「機械」例子的情況，都十分地直接了當。關於機率的分配有兩個主要的理論。一種是探討硬幣的兩面對稱，另一種則是相對次數方法。在相對次數方法中，我們進行很多次的實驗，計算出現正面的次數。但很多次究竟是多少次呢？我們很輕易的會相信，出現正面與出現反面的比數是 50：50，但如果我們持續進行實驗，這個比例可能會有所改變。

然而，說到明天是否下雪的合理測量又是如何呢？這個問題同樣有兩個答案：下雪或不下雪，不過這兩者完全不可能像硬幣的兩面相等那樣清楚。

評估明天是否下雪的機率，必須考慮到當時的天氣狀況以及許多其他因素。然而即便如此，也不可能精準地指出這個機率的精確數字。

大事紀

西元 約 1650	西元 1785	西元 1812
巴斯卡和惠更斯（Huygens）奠定機率的基礎	孔多塞（Condorcet）將機率應用到陪審團和選舉系統的分析	拉普拉斯發表兩冊的《機率分析理論》（*Analytical Theory of Probabilities*）

　　雖然我們不可能得出一個真實的數字，但我們可以有效地描述「可信程度」，亦即機率是低、中或高。在數學中，機率的是尺度從 0 到 1。若事件不可能發生，機率就是 0，若完全確定則是 1。機率等於 0.1，意思是機率很低，而當機率等於 0.9 時，則表示機率很高。

機率的起源

　　機率的數學理論在十七世紀嶄露頭角，這是因為布萊茲・巴斯卡、皮埃爾・德・費馬和安東尼・哥保德（Antoine Gombaud）〔又稱為迪・默勒爵士（Chevalier de Méré）〕之間有關於博弈問題的討論。他們發現一個簡單的博弈難題。迪・默勒爵士提出的問題是：擲一個骰子四次得到一個「六」，或擲兩個骰子得到「雙重六」，哪一個比較有可能？如果是你，會把家當壓在哪一邊呢？

　　當時的普遍看法認為，比較好的選擇是押注在「雙重六」，因為這一邊可以擲比較多次骰子。在分析過機率之後，這樣的看法就被打破了。以下是計算的過程：

　　擲一個骰子：擲一次沒有得到六的機率是 $\frac{5}{6}$，那麼擲四次的機率就是 $\frac{5}{6} \times \frac{5}{6} \times \frac{5}{6} \times \frac{5}{6}$，也就是 $(\frac{5}{6})^4$ 因為丟擲的結果彼此互不影響，所以他們是「獨立的」，可以把機率相乘。所以，至少有一個六的機率是：

$$1 - (\frac{5}{6})^4 = 0.517746\cdots$$

　　擲兩個骰子：擲一次沒有雙重六的機率是 $\frac{35}{36}$，那麼擲 24 次的機率是 $(\frac{35}{36})^{24}$。因此，至少有一個雙重六的機率是：

$$1 - (\frac{35}{36})^{24} = 0.491404\cdots$$

　　我們可以就這個例子作再進一步的研究。

擲雙骰子遊戲

　　兩個骰子的例子，是現代擲雙骰子遊戲的基礎，這個遊戲在賭場或線上博奕

都會出現。當丟擲兩個明顯不同的骰子（紅色和藍色）時，總共會有 36 種可能的結果，這些結果被成對的記錄爲 (x, y)，在 x-y 軸上以 36 個點呈現，稱之爲「樣本空間」。

讓我們來考慮「事件 A」，也就是兩個骰子的點數相加爲 7。這種情況共有六種組合，因此我們可以把事件 A 描述爲：

$$A = \{(1, 6), (2, 5), (3, 4), (4, 3), (5, 2), (6, 1)\}$$

在圖上將這些點圈出來。A 事件的機率是 36 次中有 6 次的機會，可以寫成 $Pr(A) = \frac{6}{36} = \frac{1}{6}$。如果我們設 B 事件爲得到的點數和等於 11，我們就會有事件 B = $\{(5, 6), (6, 5)\}$，可以寫成 $Pr(B) = \frac{2}{36} = \frac{1}{18}$。

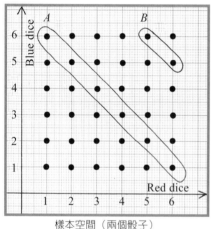

樣本空間（兩個骰子）

在擲雙骰子遊戲中，是將兩個骰子同時丟擲在桌上，第一階段你可能贏或輸，但某些分數還有一線希望，可以繼續進行第二階段。如果你的第一擲出現事件 A 或事件 B，你就贏了，這種情況稱爲「自然點（natural）」。自然點的機率，是將兩個事件的個別機率相加：$\frac{6}{36} + \frac{2}{36}$ = $\frac{8}{36}$。如果你在第一擲得到 2、3 或 12〔稱之爲雙骰子（craps）〕，那麼你就輸了。如同先前的方式計算，我們得到在第一階段輸掉的機率是 $\frac{4}{36}$。如果丟擲的點數和爲 4、5、6、8、9 或 10，你可以進行第二階段，而這些情況的機率是 $\frac{24}{36} = \frac{2}{3}$。

在賭場的博奕世界中，機率被寫成賠率。而在擲雙骰子遊戲裡，你每玩 36 次，在第一擲時平均會贏 8 次、輸 28 次，所以贏得第一擲的賠率是 28 比 8，也等於 3.5 比 1。

猴子打字

阿弗列德是當地動物園裡的猴子。他有一台破損的老舊打字機，內含 26 個字母鍵、一個句點鍵、一個逗點鍵、一個問號鍵，還有一個空格鍵，總共是 30 個按鍵。他坐在角落，想要在文學上大顯身手，但是他寫作的方式十分古怪──隨機地敲打按鍵。

打出任何的字母順序，機率都不是零，因此，他有機會完美地打出莎士比亞的戲劇台詞。不只是這樣，他還有機會（雖然很小）在這之後打出法文的翻譯、

然後是西班牙文的翻譯，再來是德文的翻譯。另外，我們甚至可以考慮到他繼續打出威廉 · 華滋華斯（William Wordsworth）詩句的可能性。這一切的機會都很微小，但確定都不是零。這就是關鍵。

讓我們來看看他要花多長的時間，可以打出《哈姆雷特》（*Hamlet*）的獨白，從「To be or」開始。我們想像有 8 個盒子，內含包括空格的 8 個字母。

T	o			b	e		o	r

第一個位置有 30 種可能，第二個位置也是 30，接下來的幾個位置皆是。填入這八個盒子的方式共有 $30 \times 30 \times 30 \times 30 \times 30 \times 30 \times 30 \times 30$ 種。阿弗列德完全打出「To be or」的機率是 $\frac{1}{6.561} \times 10^{11}$。如果阿弗列德每秒按一次鍵，那麼打出「To be or」的期望值大約是 20000 年，還能順道證明自己是特別長壽的靈長類。因此，請不要摒息等待地打出整部莎士比亞的劇本。阿弗列德大部分的時間可能會打出像是「xo, h?yt?」的字串。

理論如何發展？

機率在應用的時候可能會有所爭議，但至少支撐著它的數學基礎相當穩固。在 1933 年，多虧有安德雷 · 柯爾莫哥洛夫（Andrey Nikolaevich Kolmogorov）以公理為基礎定義了機率，跟兩千年前定義幾何原理的方式十分相像。

機率是由下列的公理定義：

1. 所有發生事件的機率為 1：
2. 機率的值大於或等於 0：
3. 當事件不是同時發生，他們的機率可以相加。

從這些套上術語的公理，就可以推論出機率的數學性質。機率的概念可以被廣泛地應用，它也是現代生活中不可或缺的部分。風險分析、運動、社會學、心理學、工程設計、財政金融等等，用到機率的範疇可說是不勝枚舉。誰會想到十七世紀啟動這些概念的博奕問題，有朝一日會發展成如此龐大的學科？而這樣的機率又是多少呢？

重點概念
機率就是賭徒的秘密系統

32 貝氏理論

托馬斯・貝葉斯牧師（Thomas Bayes）的早年生活沒有什麼人知道。約莫在 1702 年他出生於英國的東南部，後來成為新教的牧師，但是他也在數學界大放異彩，並且在 1742 年入選倫敦皇家學會。貝葉斯的知名著作《機會論中一個問題的解決》（*Essay towards solving a problem in the doctrine of chances*，《機會論》為棣・美弗（De Moivre）的著作）對於機率論有相當大的貢獻。這本書是在 1763 年出版，此時已經是他過世的兩年後。書中提出一個找出逆機率的公式，也就是「反過來」的機率，有了它的幫助，貝葉斯創造出貝氏哲學的中心概念：條件機率。

貝葉斯派（Bayesians）是以托馬斯・貝葉斯命名，追隨者隸屬不同於傳統統計學的特有統計學，或稱做「頻率學派」。頻率學派採取的機率觀點，是基於嚴格的數據資料。貝葉斯派的觀點是著名的貝氏公式和原理的核心，亦即將信念的主觀程度視為數學機率。

條件機率

想像有個衝勁十足的醫生，他的任務是要診斷病人是否得到麻疹。外表出現斑點可用來作為偵察指標，但診斷並不是如此直接了當。某個病人或許有麻疹但沒有斑點，有些病人或許有斑點但沒有麻疹。一個病人在患有麻疹的條件下出現斑點的機率，就是條件機率。貝葉斯派在公式中用垂直線來表示「在…條件下」，因此如果我們寫成：

prob (病人出現斑點 | 病人患有麻疹)

代表的是在病人患有麻疹的條件下，出現斑點的機率。*prob*(病人出現斑點 | 病人患有麻疹) 的值，跟 *prob*(病人患有麻疹 | 病人出現斑點) 的值並不相同。

大事紀

西元 **1763**	西元 **1937**	西元 **1950**
貝葉斯關於機率的論文被發表	德・費奈蒂（De Finetti）極力爭取將主觀機率作為頻率論的另一種選擇	吉米・薩維奇（Jimmy Savage）和丹尼斯・林德利（Dennis Lindley）帶領現代貝葉斯派運動

兩者彼此相關，一個是另一個反過來的機率。貝氏公式就是從其中一個機率計算另一個機率的公式。數學家們最喜歡用記號來代表事物。

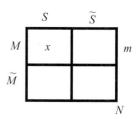

所以，讓我們假設病人患有麻疹的事件為 M，而出現斑點的事件為 S。符號 $\widetilde{S}$ 為病人沒有出現斑點的事件，而 $\widetilde{M}$ 則是病人沒有麻疹的事件。我們可以用二維表格來了解這些。

顯示出現斑點和麻疹
結構的二維表格

這讓醫生知道，有 x 個病人患有麻疹且出現斑點，而 m 個病人患有麻疹，同時病人的總數為 N。他從圖中可以了解，某人患有麻疹並且出現斑點的機率是單純的 $\frac{x}{N}$，而某人患有麻疹的機率則是 $\frac{m}{N}$。此處的條件機率，亦即某人在患有麻疹的條件下出現斑點的機率，可以寫成 $prob(S \mid M)$，等於 $\frac{x}{m}$。將這些組合在一起，醫生得到某人同時有麻疹和斑點的機率是：

$$prob(\text{M \& S}) = \frac{x}{N} = \frac{x}{m} \times \frac{m}{N}$$

或：

$$prob(\text{M \& S}) = prob(S \mid M) \times prob(M)$$

也等同於：

$$prob(\text{M \& S}) = prob(M \mid S) \times prob(S)$$

貝氏公式

將 $prob(\text{M \& S})$ 的式子合為一個等式就得出貝氏公式，亦即條件機率及其逆機率之間的關係。醫生對於 $prob(S \mid M)$（有麻疹的條件下有斑點的機率）有個好點子。他真正感興趣的是反過來的條件機率，也就是一個病人如果出現斑點則是否患有麻疹的估計。要找出這點是一個逆問題，這就是貝葉斯在他的論文中處理的那些問題。若要算出機率，我們

$$prob\,(M|S) = \frac{prob\,(M)}{prob\,(S)} \times prob\,(S|M)$$

貝氏公式

需要放入一些數字。這些都很主觀，但重要的是了解他們如何結合。病人如果患有麻疹，他們也出現斑點的機率（$prob(S \mid M)$）很高，我們假定為 0.9，而醫生覺得應該就是這樣。這位衝勁十足的醫生對於人口中患有麻疹的百分比也有個概

念，假定為 20%，可以用 $prob(M) = 0.2$ 來表示。

我們需要的其他訊息只有 $prob(S)$，亦即人口中出現斑點的人數百分比。現在，某人出現斑點的機率，是某人患有麻疹且出現斑點的機率加上沒有麻疹但出現斑點的機率。從我們主要的關係中，得到 $prob(S) = 0.9 \times 0.2 + 0.15 \times 0.8 = 0.3$。將這些值代入貝氏公式，得到：

$$prob(M \mid S) = \frac{0.2}{0.3} \times 0.9 = 0.6$$

結論是，所有出現斑點的病人中，接受醫生看診被正確診斷出麻疹的有 60%。現在假設，醫生收到更多有關麻疹的資訊，因此診斷的機率提高，亦即 $prob(S \mid M)$（有麻疹的條件下有斑點的機率）從 0.9 提高至 0.95，而 $prob(S \mid \widetilde{M})$（其他原因造成斑點出現的機率）從 0.15 降到 0.1。這樣的改變，會如何提高麻疹的診斷率呢？新的 $prob(M \mid S)$ 是什麼呢？加上這個新的資訊，$prob(S) = 0.95 \times 0.2 + 0.1 \times 0.8 = 0.27$，所以在貝氏公式中，$prob(M \mid S) = 0.2 \div prob(S) = 0.27$，然後再全部乘上 0.95，結果得到 0.704。因此，醫生在有了這項改善的資訊後，他的診斷率可以達到 70%。如果機率分別改成 0.99 和 0.01，那麼診斷機率（$prob(M \mid S)$）便成為 0.961，因此在這個情況下，醫生正確診斷的機率會是 96%。

現代貝葉斯派

在機率可被測量的情況下，傳統統計學家對於使用貝氏公式不太會有爭議。引起爭論的分歧點在於將機率解釋為可信程度，或有時被定義為主觀機率。

在法庭上，有罪或無罪這個問題的答案，有時取決於「可能性（機率）的衡量」。頻率學派的統計學家無法接受把任何意義都歸因在嫌疑犯有罪的機率上。貝葉斯派則不然，他們並不在意接受這些看法。這是如何運作的呢？如果我們打算用衡量可能性（機率）的方法來審判有罪或無罪，那我們要先了解可以如何玩弄機率。以下是一個可能的劇情。

陪審團剛剛聽完法庭上的一個案件，決定被告有罪的機率大約是百分之一。在陪審團評議室裡商議的期間，陪審團被召回法庭，聽取來自原告的進一步證據。在嫌疑犯的家中找到了凶器，首席原告律師主張，如果嫌疑犯有罪，找到凶器的機率高達 0.95，但如果他無罪，找到凶器的機率只有 0.1。

因此，如果嫌疑犯有罪的可能性超過無罪，在嫌疑犯的家中找到凶器的機率就會高出許多。陪審團面前的問題是，根據這項新的資訊，他們應該如何修改對於嫌疑犯的見解？我們再次使用記號，G 代表嫌疑犯有罪的事件，E 代表獲得新

證據的事件。陪審團已做出一個最初的評估爲 $prob(G) = \frac{1}{100}$ 或 0.01，這個機率被稱爲「事前機率」。重新評估的機率 $prob(G \mid E)$，是在有新證據 E 的條件下，修改有罪的機率，這個機率被稱爲「事後機率」。若寫成貝氏公式的形式，則爲：

$$prob(G \mid E) = \frac{prob(E \mid G)}{prob(E)} \times prob(G)$$

以此顯示事前機率被更新爲事後機率的概念。就像解出醫療案例的 $prob(S)$ 一樣，我們可以解出 $prob(E)$，並且發現：

$$prob(G \mid E) = \frac{0.95}{0.95 \times 0.01 + 0.1 \times 0.99} \times 0.01 = 0.088$$

這會讓陪審團陷入困境，因爲有罪的機會從最初評估的 1% 升高到將近 9%。如果原告做出更有力的主張，亦即如果嫌疑犯有罪，找到涉案凶器的機率將高達 0.99，但如果嫌疑犯無罪，找到凶器的機率只有 0.01，然後重複進行貝氏公式的計算，陪審團大概必須將他們的見解從 1% 修改成 50%。

在這樣的情況下使用貝氏公式已經受到不少批評，主要的抨擊目標是如何得出事前機率。貝葉斯分析的優勢在於，它提供一種方法來處理主觀機率，以及這樣的機率如何基於證據更新。貝葉斯派的方法應用的領域相當廣泛，包括科學、天氣預報和刑事司法等。它的擁護者堅決主張它有著處理不確定性的公正與務實特性。貝氏方法確實有許多優點。

重點概念
用證據更新信念

33 生日問題

想像你坐在克拉珀姆舊型公車（英國舊形雙層巴士）的上層，因為沒別的事情可做，所以開始計算每天早上跟你坐同班車去上班的乘客有多少人。表面上看來可能所有的乘客間彼此都沒有關係，我們或許可以有把握地假設，他們的生日隨機分布在一整年當中。包括你在內，全車只有 23 個乘客。人數並不算多，但足以斷言兩個乘客的生日在同一天的機會超過一半。你相信這個說法嗎？多數的人並不相信，但這絕對是真的。就連經驗豐富的機率專家威廉 · 費勒（William Feller）都認為這點很令人震驚。

現在，克拉珀姆舊型公車對我們來說有點太小，因此我們在一個大房間裡重新開始我們的論證。房間裡需要聚集多少人，才能夠確信有兩個人的生日相同。一年有 365 天（為了簡化事情，我們不考慮閏年），因此如果房間裡有 366 個人，很顯然至少有兩個人的生日相同。不可能出現所有人的生日都不相同的情況。

這是所謂的「鴿籠原理」：如果有 n + 1 隻鴿子住進 n 個鴿籠，其中有個籠子一定會放一隻以上的鴿子。如果有 365 個人，我們無法確信會有人的生日相同，因為每個人的生日可能各自在一年當中的不同天。然而，如果你隨機找 365 個人，這個情況的可能性相當低，沒有兩個人同一天生日的機率極其微小。就算房間裡只有 50 個人，兩個人生日相同的機會都有 96.5%。

如果房間的人數進一步地減少，兩人生日相同的機率也會降低。我們發現，機率剛好大於 $\frac{1}{2}$ 的人數是 23 人，若是減少到 22 人，兩人生日相同的機率就會少於 $\frac{1}{2}$。

數字 23 是臨界值。雖然經典的生日問題答案令人驚訝，但它絕對不是悖論。

大事紀

西元 1654	西元 1657	西元 1718
布萊茲 · 巴斯卡為機率論奠定基礎	克里斯蒂安 · 惠更斯（Christiaan Huygens）寫出第一篇有關於機率的研究並且發表	亞伯拉罕 · 棣 · 美弗出版《機會論》（Doctrine of Chance），接著在 1738 年和 1756 年發表增訂版。

我們能否證明？

我們能如何說服自己呢？我們先隨機地選一個人。另一個人跟他同一天生日的機率是 $\frac{1}{365}$，因此這兩個人的生日不同的機率是 1 減去這個數字，也就是 $\frac{364}{365}$。然而，再隨機選一個人跟前兩個人有相同生日的機率是 $\frac{2}{365}$，因此這個人跟前兩個人的生日都不相同的機率是 1 減去這個數字，也就是 $\frac{363}{365}$。這三個人的生日全都不同的機率是這兩個機率相乘，也就是 $\frac{364}{365} \times \frac{363}{365}$，等於 0.9918。

若以這樣的思路繼續進行到 4、5、6……個人，就能夠拆解這個生日問題悖論。當我們用普通的計算機算到 23 個人時，我們得到的答案是 0.4927，而這個數字是沒有任何人有相同生日的機率。「沒有任何人有相同生日」的反面是「至少有兩個人生日相同」，後者的機率是 1 − 0.4927 = 0.5073，剛好大於臨界值 $\frac{1}{2}$。

如果 $n = 22$，那麼兩個人有相同生日的機率是 0.4757，小於 $\frac{1}{2}$。生日問題表面上的矛盾本質，跟語言有密切關係。生日結果陳述的是關於兩個人的生日相同，但是並沒有告訴我們這兩個人是誰。我們不知道這樣的配對落在哪裡。如果三月八號出生的崔佛 · 湯普森（Trevor Thompson）先生在房間裡，可能就會問不同的問題。

多少人跟湯普森先生的生日一致？

對於這個問題，計算的方法並不相同。湯普森先生沒有跟另一個人的生日相同的機率 $\frac{364}{365}$，所以他跟房間裡 $n-1$ 個人的生日全都不同的機率是 $(\frac{364}{365})^{n-1}$。因此，湯普森先生確實跟某個人有相同生日的機率是 1 減去這個值。

如果我們用 $n = 23$ 來計算，這個機率只有 0.061151，也就是另有某個人的生日也在三月八號的機會只有 6%。如果我們提高 n 的值，這個機率也會增加。

不過我們必須提高到 $n = 254$（湯普森先生也算在內），機率才會高於 $\frac{1}{2}$。當 $n = 254$，得到的值是 0.5005。這個數值是臨界點，因為 $n = 253$ 所得到的值

西元 **1920**

玻色將愛因斯坦的「光的理論」
視為置放問題

西元 **1939**

理查 · 馮 · 米塞斯（Richard
von Mises）提出生日問題

是 0.4991，小於 $\frac{1}{2}$。因此，需要召集 254 個人到房間，湯普森先生才有超過的 $\frac{1}{2}$ 機會跟另外某人有相同生日。相較於經典生日問題令人訝異的解答，這個答案或許比較符合我們的直覺。

其他的生日問題

生日問題以各種方法被推廣。其中之一是考慮三個人有相同的生日。在這個例子中，至少需要 88 個人，才有超過一半的機會讓三個人有相同生日。如果生日相同的人數是四個人、五個人……，就必須相應地有更大的團體。例如，若是有九個人的生日相同，需要集合 1000 個人才有大於一半的機會發生。

對於生日問題的其他研究，議題已經擴大到臨近的日子。在這樣的問題中，考慮的配對是一個人的生日在另一個人生日的前後特定範圍內。得出的結果是，房間裡僅需要 14 個人，就可以讓兩個人的生日相差一天之內（包括相同）的機會大於一半。

女生　　　　　　　　男生

有個需要用到更精密數學工具的變形生日問題，是關於男生和女生的生日問題。如果一個班上的男生和女生的人數相等，那麼全班（團體）人數最小為多少，才能讓一個男生和一個女生有相同生日的機會大於一半？

結果是，產生這樣機會的最小團體是全班共 32 個人（16 個女生和 16 個男生）。這個結果可以跟經典生日問題的 23 個人相比。

我們稍稍改變問題，就可以得到其他好玩的問題（不過這些問題並不容易回答）。假設在巴布‧狄倫（Bob Dylan）的演唱會外面排著一條長長的隊伍，排隊的人都是隨機出現。由於我們感興趣的是生日，所以我們排除雙胞胎和三胞胎一起來參加的可能性。這裡的數學問題是：在生日相同且連續入場的兩個人之前已經有多少人進入會場？另一個問題是：在跟湯普森先生同一天生日（三月八號）的那個人出現之前有多少人進入會場？

生日計算所做的假設是，所有人的生日是均勻分布的，隨機選出的人會在哪一天生的機會皆相等。實驗結果顯示，這個假設並非完全正確（因為夏季月分的出生人數較多），但對於適用的解答已經十分接近。

生日問題屬於置放問題的例子。在置放問題中，數學家考慮的是將球放入格子；在生日問題中，格子的數目是 365（這些是可能的生日），而被隨機放入格子的球則是人。問題可以簡化為：研究兩個球落入同一個格子的機率。對於男生、女生的問題，則是用兩種不同顏色的球區別。

不只有數學家對生日問題感到興趣。愛因斯坦基於光子所提出光的理論，深深地吸引著薩特延德拉・納特・玻色（Satyendra Nath Bose）。玻色脫離傳統的研究路線，根據置放問題考慮物理設置。對他而言，格子並不是生日問題中代表著一年當中的日子，而是光子的能階。他將生日問題中被放入格子的人，取代成光子的分配數量。置放問題在其他的科學中還有許多應用。例如在生物學中，流行病的擴散可以模擬成置放問題，其對應的格子是地理區，而球是疾病，問題則在於解決疾病如何群聚。

這個世界充滿了令人驚訝的巧合，但唯有數學讓我們有方法可以計算他們的機率。經典的生日問題在這方面只不過是冰山一角，它讓嚴肅的數學大步地跨入重要的應用。

重點概念
生日問題就是計算巧合

34 分布

拉迪斯勞斯 · 鮑特凱維茲（Ladislaus J. Bortkiewicz）深受死亡統計表的強烈吸引。對他而言，這不是個陰鬱灰暗的主題，而是個持久的科學調查領域。他因為計算普魯士軍隊中被馬踢死的騎兵人數而出名。接著有電機工程師法蘭克 · 班佛（Frank Benford），他計算不同類型數據資料的第一位，以了解有多少 1、多少 2 等等。此外，在哈佛大學教授德文的喬治 · 金斯利 · 齊夫（George Kingsley Zipf）對語言學深感興趣，於是對文章中單字出現的次數進行分析。

所有的案例都跟測量事件的機率有關。一年中，x 個騎兵被馬踢到而致死的機率是多少？將各個 x 值的機率列出來，就叫做機率的分布（distribution），或簡短一點稱爲「機率分布」。這也屬於離散分布，因爲 x 的值只取孤立的值，也就是感興趣的數值彼此間沒有連續。被馬踢中致命一擊的普魯士騎兵可能有三或四個，但不可能會有 $3\frac{1}{2}$ 個。我們將在後續看到，在班佛分布的案例中，我們感興趣的只有那些個位數的數字 1、2、3…。而對於齊夫分布，你或許會得到「it」這個單字的等級是在前幾個主要單字中的第八位，但不會有例如 8.23 這樣的位置。

普魯士軍隊的生與死

鮑特凱維茲在二十年間，蒐集了十個軍隊的記錄，讓他得到了 200 個軍隊每年的數據資料。他探究死亡的人數（這是數學家所謂的變項），以及每年所出現死亡人數的數字。例如，有 109 個軍隊一年中沒有死亡人數出現，而有 1 個軍隊一年出現四個人死亡。在軍營裡，（假定）軍隊 C 在特定某一年出現四個人死亡。

死亡人數的分布是如何呢？蒐集這項資訊是統計學家工作的一個面向，外出

西元 1837	西元 1881	西元 1898
西莫恩 · 德尼斯 · 布瓦松（Siméon-Denis Poisson）描述分布，後世將此分布以他命名	紐康發現班佛定律的現象	鮑特凱維茲分析普魯士騎兵的死亡人數

到田野裡記錄結果。鮑特凱維茲得到以下的資料：

死亡人數	0	1	2	3	4
頻率	109	65	22	3	1

　　幸好，被馬踢死是稀有事件。最適合模擬稀有事件發生頻率的理論技巧，是使用布瓦松分布。藉由這個技巧，鮑特凱維茲能否不去馬廄就可以預測結果呢？理論上，布瓦松分布描述，死亡人數（稱為 X）為 x 值的機率，可由布瓦松公式得出。公式中的 e 是先前曾討論過跟成長有關（參見第 6 章）的特別數字，而驚嘆號代表階乘，亦即從 1 到自己之間的所有整數彼此相乘，希臘字母 lambda（寫成 λ）是死亡人數的平均數。我們需要在這 200 個軍隊一年中找出這個平均數，所以我們將 0 人死亡乘上 109 軍隊一年（得到 0）、1 人死亡乘上 65 軍隊一年（得到 65）、2 人死亡乘上 22 軍隊一年（得到 44）、3 人死亡乘上 3 軍隊一年（得到 9），以及 4 人死亡乘上 1 軍隊一年（得到 4），接著將所有數字相加後（得到 122）除以 200。因此，我們每軍隊一年的死亡人數平均數 $\frac{122}{200}$ = 0.61。

$$e^{-\lambda}\lambda^x/x!$$

布瓦松公式

　　將 x = 0、1、2、3 和 4 的值代入布瓦松公式，可以找到理論機率（稱之為 p）。結果為：

死亡人數	0	1	2	3	4
機率，p	0.543	0.331	0.101	0.020	0.003
死亡人數的期望值，200×p	108.6	66.2	20.2	4.0	0.6

　　看來理論分布跟鮑特凱維茲蒐集的實驗數據似乎相當吻合。

第一位數字

　　如果我們分析電話簿裡某一列電話號碼的最後一位，我們預計會發現 0、

西元 **1938**
班佛重新描述第一位數分布的定律

西元 **1950**
齊夫推導出一個詞彙跟單字使用有關的公式

西元 **2003**
布瓦松分布被用於分析北大西洋（**North Atlantic**）的魚類資源

1、2、…、9 呈現均勻分布。他們隨機出現，任何數字都有相同的出現機率。

電機工程師法蘭克 · 班佛在 1938 年發現，某些數據集合的第一位並非如此。事實上，他發現最初是由天文學家西蒙 · 紐康（Simon Newcomb）在 1881 年觀察到的定律。

昨天，我進行了一個小小的實驗。我瀏覽了全國性報紙的外幣兌換資料。裡面有匯率像是 2.119，意思是你需要用 2.119 美元來買 1 英鎊。同樣的，你需要用 1.59 歐元來買 1 英鎊以及用 15.390 港幣來買 1 英鎊。審視這些資料結果並記錄顯現的第一位數，我們得到以下這個表格：

第一位數	1	2	3	4	5	6	7	8	9	總和
出現次數	18	10	3	1	3	5	7	2	1	50
百分比，%	36	20	6	2	6	10	14	4	2	100

這些結果支持班佛定律，也就是說，對於某些數據資料類別，數字 1 出現在第一位數的機率約占 30%、數字 2 則是 18% 等。這顯然跟出現在電話號碼最後一位的數字是均勻分布的情況不同。

我們不太清楚爲什麼如此多的資料集都確實遵循班佛定律。十九世紀，當西蒙 · 紐康在使用數學表格並觀察到這點的時候，他大概沒有想到這會變得這麼普遍。

其中可看到班佛分布的例子，包括體育賽事的分數、股市資料、門牌號碼、國家人口以及河流長度。測量單位並不重要，也就是說測量河流的長度是公尺或英里都無關緊要。班佛定律有實際的應用。會計資訊一旦被辨認出自身遵循這個定律，就很容易偵測錯誤資訊並且揭發騙局。

單字

齊夫（G. K. Zipf）的某個興趣不太尋常：計數單字。結果發現，英文中最常受歡迎的前十個單字都是短短的字，等級如下：

等級	1	2	3	4	5	6	7	8	9	10
單字	the	of	and	to	a	in	that	it	is	was

　　他取得大量的各式文章並且只計數文章裡的單字，才發現這個結果。最常見的單字被排在第 1、接著排第 2……。

　　如果只分析某個範圍的內文，單字受歡迎的程度可能有些許差異，但不會有太大差異。

　　最常見的是「the」、而「of」排名第二，這點並不讓人意外。列表還不只如此，或許你會想知道「among」排在第 500 位，而「neck」排在第 1000 位。如果你隨機選擇一段內文並計算裡面的單字，你會得到差不多的單字等級表。令人驚訝的是，單字的等級與內文中實際出現的單字數量有關。「the」這個單字，出現的頻率是「of」的兩倍，還是「and」的三倍等。實際的數量可由知名的公式得出。這是個實驗的定律，由齊夫從資料中發現而得。理論的齊夫定律說到，排在第 r 位的單字出現之百分比可由以下公式得出：

$$\frac{k}{r} \times 100$$

　　其中的數字 k，完全由作者的詞彙量大小決定。如果有位作者能掌握英文的所有單字（有人估計約為一百萬左右），k 的值大約是 0.0694。若代入齊夫定律的公式，那單字「word」就占了文本中所有單字的 6.94%。用相同的方式，可以算出「of」約占前個數字的一半，也就是 3.47% 左右。因此，詞彙豐富的作者若寫出的一篇 3000 個字的短文，會包含 208 個「the」和 104 個「of」。

　　對於只能掌握 20000 個單字的作者，k 值會提高到 0.0954，因此他的短文裡會有 286 個「the」和 143 個「of」。詞彙量越小，越常出現「the」這個單字。

凝視水晶球

　　無論是布瓦松、班佛或齊夫，所有的分布都讓我們得以做出預測。我們或許無法做到百分之百的預測，但我們知道「機率如何分布」這件事本身，就已經比亂槍打鳥好上許多。在這三種分布之外的其他分布，像是二項分布、負二項分布、幾何分布、超幾何分布以及諸多分布，統計學家有一系列有效的工具，可用於分析廣泛的人類活動範圍。

重點概念
分布就是預測有多少

35 常態曲線

「常態曲線」在統計學中扮演重要的角色，向來被認為等價於數學界中的直線。常態曲線當然有重要的數學性質，但如果我們開始著手分析一大批原始資料，我們會發現它很少完全依循常態曲線。

　　常態曲線有特定的數學公式來加以描述，這樣的曲線會製造一個鐘形曲線，所謂的鐘形曲線就是有一個峰，而尾端往兩側越來越小。常態曲線的重要性，較多是展現在理論中而非自然界。在 1733 年，因宗教迫害而逃往英國的法國胡格諾派教徒（Huguenot）亞伯拉罕‧棣‧美弗（Abraham de Moivre），在提出自己的機會分析時介紹相關的常態曲線。皮耶‧西蒙‧拉普拉斯發表跟它有關的結果，而卡爾‧弗里德里希‧高斯則將它用在天文學中，有時這被指稱為高斯誤差定律。

　　朗伯‧凱特勒（Adolphe Quetelet）在 1835 年發表的社會學研究中使用了常態曲線，在這項研究裡，他藉由常態曲線從「平均人」中測量分歧。在其他的實驗中，他測量法國受召士兵的身高以及蘇格蘭軍人的胸圍，並且假設這些資料都會遵循常態曲線。那個時代有個強烈的信念是：多數現象都是「常態」。

雞尾酒會

　　我們假設喬治娜去參加雞尾酒會，主辦人塞巴斯蒂安問她是否從很遠的地方過來？之後她意識到這在雞尾酒會是個非常好用的問題，因為可以用在每個人身上並且得到回應。這麼問並不費勁，如果不知該如何交談，就可以用它來開啟話題。

　　第二天，喬治娜帶著些微的宿醉前往辦公室，開始好奇她的同事們是否從很遠的地方來上班。她在員工餐廳裡得知，有些人就住在附近，另外有些人住的地

大事紀

西元 1733	西元 1820
棣‧美弗發表研究，內容是關於常態曲線作為二項分布的近似值	高斯將常態分布用在天文學中作為誤差定律

方有五十英里之遠，變異性相當地大。她利用自己作爲大公司人力資源經理的優勢，在年度員工調查問卷中附加一個問題：「你今天從多遠的地方來上班？」她希望算出公司員工上班距離的平均值。當喬治娜將結果畫成直方圖時，結果並沒有出現特別的形式，但至少她可以計算平均的上班距離。

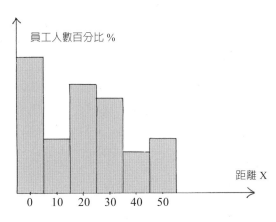

喬治娜的同事上班距離的直方圖

　　平均的結果是 20 英里。數學家將此一結果用希臘字母 mu（寫成 μ）來表示，因此這裡的 μ = 20。母體的變異性則是用希臘字母 sigma（寫成 σ）來表示，有時稱之爲標準差。如果標準差很小，那資料會聚在一起而且變異性很小；但如果標準差很大，資料就會分散開來。公司裡受過統計訓練的行銷分析師告訴喬治娜，她或許可以藉由抽樣就能得到差不多的結果。不需要詢問所有的員工。這種估計技術，仰賴的是中央極限定理。

　　從所有的公司員工中隨機選出一個樣本。樣本越大越好，但 30 個員工就可以做出令人滿意的結果。隨機選擇樣本，就是選到住在附近或住得很遠的可能性差不多。當我們計算樣本的平均距離時，較遠距離的效果會被較近距離平均掉。

　　數學家把樣本的平均數寫成 x̄，讀法是「x bar」。在喬治娜的例子中，x̄ 的

西元 **1835**

凱特勒利用常態分布測量平均人的分歧

西元 **1870**

這個分布得到「常態（normal）」這個名字

西元 **1901**

亞歷山大・李雅普諾夫（Aleksandr Lyapunov）使用特徵函數嚴格地證明中央極限定理

值最有可能接近 20，亦即母體的平均數。雖然一定有這樣的可能性，但樣本平均數非常小或非常大時，則不太可能。

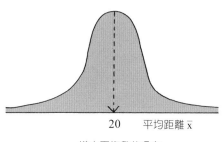

20　平均距離 x̄

樣本平均數的分布

中央極限定理（Central Limit Theorem）是常態曲線對於統計學家如此重要的緣由之一。這個定理說道，無論 x 的分布為何，樣本平均數 $\bar{x}$ 的實際分布近似於常態曲線。這是什麼意思呢？在喬治娜的例子中，x 代表上班距離，而 $\bar{x}$ 則是樣本平均數。

在喬治娜的直方圖中，x 的分布一點都不像是鐘形曲線，但 $\bar{x}$ 的分布則很像，而且它的中點是 $\mu = 20$。

這就是為什麼我們可以使用樣本平均數 $\bar{x}$ 作為母體平均數 μ 的估計。樣本平均數 $\bar{x}$ 的變異性是額外的獎勵。如果 x 值的變異性是標準差 σ，那麼 $\bar{x}$ 的變異性是 $\frac{\sigma}{\sqrt{n}}$，其中的 n 是所選的樣本數大小。樣本數越大，常態曲線就會越窄，對於 μ 的估計也會越準確。

其他的常態曲線

讓我們來做個簡單的實驗。我們要丟擲硬幣四次。丟出正面的機會每一次都是 $p = \frac{1}{2}$。四次丟擲的結果可用 H 代表正面、T 代表反面來記錄，依發生的順序排列。總共可能有 16 種結果。例如，我們得到三個正面的結果可能是 $THHH$。事實上，出現三個正面的結果共有四種可能（其他三種是 $HTHH$、$HHTH$、$HHHT$），因此三個正面的機率是 $\frac{4}{16} = 0.25$。

若丟擲的次數不多，機率就很容易計算並寫成表格，我們也可以計算機率如何分布。組合的次數列可以從巴斯卡三角形（參見第 13 章）找出：

正面次數	0	1	2	3	4
組合次數	1	4	6	4	1
機率	0.0625	0.25	0.375	0.25	0.0625
	$(=\frac{1}{16})$	$(=\frac{4}{16})$	$(=\frac{6}{16})$	$(=\frac{4}{16})$	$(=\frac{1}{16})$

這被稱做是機率的二項分布，發生在有兩種可能結果（正面或反面）的情況。這些機率可以用直方圖來表示，直方圖的高與面積都能對這些加以描述。

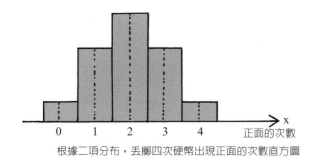

根據二項分布，丟擲四次硬幣出現正面的次數直方圖

丟擲硬幣四次是有點受限。如果我們丟擲更多次，例如 100 次，結果會怎麼樣呢？機率的二項分布可應用到 $n =$ 100，但它可以藉由母體平均數 $\mu = 50$（預期丟擲 100 次硬幣會出現 50 次正面）和變異性（標準差）$\sigma = 5$ 的鐘形曲線來有效近似。這是棣 · 美弗在十六世紀所發現的。

對於大的 n 值，測量正面次數的變項 x 也就更加符合常態曲線。n 值越大，近似值越接近，而丟擲硬幣 100 次可以算得上大。現在，假設我

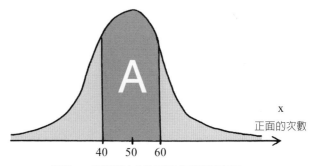

丟擲 100 次硬幣中出現正面的機率分布圖

們想知道丟擲出 40 到 60 次正面的機率。面積 A 顯示我們感興趣的區域，並讓我們得到丟擲出 40 到 60 次正面的機率，寫成 $prob(40 \leq x \leq 60)$。若要找出實際的數值，我們需要使用預先計算的數學表格，一旦完成這點，我們發現 $prob(40 \leq x \leq 60) = 0.9545$。這讓我們知道，在丟擲 100 次硬幣中出現 40 到 60 次正面的機會是 95.45%，意思是很有可能出現。

剩下的面積是 1 − 0.9545，也就是僅僅有 0.0455。由於常態曲線左右對稱，因此在一百次丟擲中出現超過 60 次正面的機率，是前述數字的一半。這個數字只有 2.275%，顯示出這樣的機會確實相當渺茫。如果你去拉斯維加斯玩，最好還是不要對此下注。

<h1 style="text-align:center">重點概念</h1>
<h1 style="text-align:center">無所不在的鐘形曲線圍繞在生活周遭</h1>

36 連結資料

兩組資料該如何連結？一百年前的統計學家認為，他們可以回答這個問題。相關與迴歸配在一起就像是馬與馬車，然而正如同這樣的配對，他們彼此不同，各有任務要做。相關所測量的是兩個量（如身高和體重）彼此的關係有多好。迴歸可以用來從一個性質（如身高）預測另一個性質（在這個例子中是體重）的值。

皮爾森相關

相關（correlation）這個名詞，是由法蘭西斯 · 高爾頓在 1880 年代提出。他最初是把它叫做「相互—關係（co-relation）」，這個詞更能夠解釋它的意義。維多利亞時代的科學家高爾頓很渴望能對所有東西進行測量，他把相關應用在他對於兩個變項的研究，例如鳥的身長和尾巴的長度。以高爾頓的弟子暨傳記作者卡爾 · 皮爾森（Karl Pearson）命名的皮爾森相關係數，測量的刻度是從 –1 到 +1。如果這個數值越高，例如 +0.9，可以說這兩個變項之間有很強的相關。相關係數測量是資料沿著直線排列的傾向有多高，如果接近於零，那麼可說是幾乎不存在相關。

我們常常希望能解出兩個變項之間的相關，以了解他們彼此間有多強的連結。讓我們來看看太陽眼鏡銷售的例子，並了解它跟冰淇淋銷售之間的關係。舊金山是個進行這項研究的好地方，我們在這個城市的每個月蒐集一次資料。如果我們在 x 座標軸（橫軸）代表太陽眼鏡銷售量、y 座標軸（縱軸）代表冰淇淋銷售量的點，每個月有一個代表兩者資料的資料點 (x, y)。舉例來說，點 (3, 4) 可能表示五月的太陽眼鏡銷售是 30000 美元，同時該城市在這個月的冰淇淋銷售是 40000 美元。我們可以將一整年的每月資料點 (x, y) 都繪製在散布圖中。就這個例子而言，皮爾森相關係數會在 +0.9 左右，代表這兩者間有強烈相關。

大事紀

西元 1806	西元 1809	西元 1885~1888
阿德里安 · 馬里 · 勒壤得藉由最小平方方法來完成資料	卡爾 · 弗里德里希 · 高斯在天文學的問題中使用最小平方方法	高爾頓提出迴歸和相關

資料有遵循直線排列的傾向。係數為正，因為直線的斜率為正，為指向東北的方向。

成因與相關

找到兩個變項之間有強烈相關，並不足以宣稱其中一個是另一個的原因。這兩個變項之間或許有因果的關係，但無法光是基於數值證據就主張這點。在「成因／相關」的議題中，慣例上使用「關聯（association）」，請小心不要做出超過這個的主張才是明智之舉。

在太陽眼鏡和冰淇淋的例子中，太陽眼鏡銷售和冰淇淋銷售之間有強烈相關。隨著太陽眼鏡銷售的增加，冰淇淋賣出的數量也有增加的傾向。但若是主張太陽眼鏡的消費導致冰淇淋賣出更多，就顯得荒誕可笑。在此相關之中，或許有個隱藏的中介變項在作用。例如，太陽眼鏡的消費和冰淇淋的消費，都跟季節影響的結果連在一起（夏季月分的熱天氣和冬季月分的冷天氣）。使用相關還有另外一個危險。或許兩個變項之間有高相關，但彼此卻完全沒有合理或符合科學的關係。房屋數量和屋主的年齡總和之間可能有高相關，但是想從這之中得出任何的重要性就不太適宜。

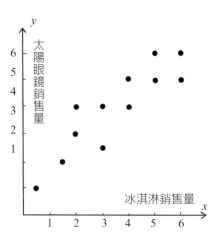

斯皮爾曼相關

相關可以放到其他的用途上。相關係數很適合用來處理有序資料，也就是我們想知道第一、第二、第三等等的資料，但其他的數值就不一定。

偶爾，我們只會有等級的資料。讓我們來看看艾伯特和查克這兩位相當有主見的溜冰評審，他們在一場溜冰比賽中負責評估溜冰選手的藝術價值。這是一個很主觀的評估。艾伯特和查克都曾贏得奧運獎牌，兩人義不容辭地擔任決賽的評審，這時的選手已縮減到五位：安、貝絲、夏洛特、桃樂絲和艾莉。如果艾伯特和查克以完全相同的方式將他們排序，應該就沒什麼問題，但人生不太可能如此順遂。

西元 **1896**

皮爾森發表相關和迴歸的文章

西元 **1904**

斯皮爾曼使用等級相關作為心理學研究的工具

$$1 - \frac{6 \times Sum}{n \times (n^2 - 1)}$$

斯皮爾曼公式

另一方面，我們也不會預期艾伯特以一種方式排序，而查克以完全相反的方式排序。現實情況是，排出的順序介於這兩個極端之間。艾伯特 1 到 5 名的等級是安（第一名），接著依序是艾莉、貝絲、夏洛特，而第五名是桃樂絲。查克把艾莉評為最佳，接著依序是貝絲、安、桃樂絲和夏洛特。這些等級順序概述於下列的表格。

溜冰選手	艾伯特的等級順序	查克的等級順序	等級的差異（d）	d^2
安	1	3	−2	4
艾莉	2	1	1	1
貝絲	3	2	1	1
夏洛特	4	5	−1	1
桃樂絲	5	4	1	1
$n = 5$			總和	8

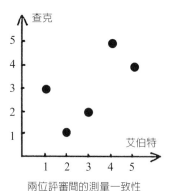

查克

兩位評審間的測量一致性

我們如何測量兩位評審間的一致程度呢？數學家用來處理有序資料的工具，是斯皮爾曼的相關係數。此處的值是 +0.6，意指艾伯特和查克之間的一致程度有限。如果我們將這兩種等級看作是點，就能在圖上把他們畫出來，以此獲得兩位評審的意見有多一致的視覺呈現。

計算這種相關係數的公式，是由查爾斯‧斯皮爾曼（Chales Spearman）在 1904 年發展出來，他也跟皮爾森一樣深受法蘭西斯‧高爾頓的影響。

迴歸線

你比你的雙親高還是矮？或者你的身高是介於他們兩個之間？如果我們比自己的父母高（這個現象每一代都會發生），那麼總有一天人口的組成可能是十英尺以上的巨人，當然這並不可能。如果我們全都比自己的父母矮，那麼人口的身高會逐漸縮減，這同樣也不太可能。所以真相不在這兩者之中。

法蘭西斯‧高爾頓在 1880 年代進行一項實驗，實驗中他比較年輕人的身高跟父母的身高。x 變項是父母身高（實際上是結合父親和母親的身高所得出的「父母中間值」身高）的測量結果，另外他對應各個 x 值觀察其子女的身高。我們在此談論的是一位身體力行的科學家，這樣的他，會拿出鉛筆和一張畫有方格的紙，直接將資料點在上面。就 205 個父母中間和 928 個子女的資料來看，他發現兩組的平均身高是 $68\frac{1}{4}$ 英吋或 5 英尺又 $8\frac{1}{4}$ 英吋（173.4 公分），他稱這個值稱

為平庸值。

他發現，父母中間值非常高的小孩，一般會高於這個平庸值，但卻不會跟自己的父母一樣高；然而較矮的孩子會高於他們的父母中間值，但卻矮於平庸值。換句話說，小孩的身高迴歸趨向平庸。這有點像是頂尖的棒球打擊手 A-Rod（Alex Rodriguez）在紐約洋基隊的表現。他的打擊率在表現優異的一季之後很可能在接下來表現不佳，但整體而言仍然比聯盟中所有球員的打擊率都來得高。我們說，他的打擊率迴歸至平均數。

迴歸是個很有力的技術，應用的範圍也相當廣泛。我們假設，有家大眾連鎖零售店的經營研究團隊想做份調查，他們選擇旗下的五間店鋪，從小型商店（一個月有 1000 名顧客）到大型賣場都有（一個月有 10000 名顧客）。研究團隊觀察各家店的受雇員工人數，他們計畫使用迴歸來估計其他的店需要多少員工。

顧客人數（1000 為單位）	1	4	6	9	10
員工人數	24	30	46	47	53

我們將這些資料繪製在圖上，其中的 x 座標是顧客人數（稱之為解釋變項），而 y 座標是員工人數（稱之為反應變項）。在此是用顧客的人數來解釋所需的員工人數。店裡的平均顧客人數被定在 6（亦即 6000 名顧客），而店裡的平均員工人數是 40。迴歸線永遠都會通過平均點，此處的平均點是 (6, 40)。有幾個公式可以計算迴歸線，這就是最符合資料的線（也被稱為最小平方線）。在我們的案例中，這條線是 $\hat{y} = 20.8 + 3.2x$，因此斜率是 3.2 且為正值（從左下往右上延伸）。這條線與垂直的 y 軸相交於 20.8。這一項，是由這條線得到 y 的估計值。因此，如果我們想知道每個月有 5000 名顧客的店應該雇用多少員工，我們可以將 $x = 5$ 代入迴歸等式，得到的估計值 $\hat{y} = 37$ 名員工，由此可看出迴歸真的具有相當實用的目的。

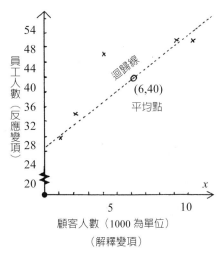

重點概念
資料的交互作用

37 遺傳學

遺傳學是生物學的一個分支,但它為什麼會出現在數學的書裡呢?答案是,這兩門學科相互滋養,使彼此更加豐富。遺傳學的問題需要數學來回答,但遺傳學也啟發了新的代數分支。格雷戈 · 孟德爾(Gregor Mendel)是遺傳學主題的中心人物,所謂的遺傳學,就是在研究人類的遺傳。遺傳特徵像是眼睛顏色、頭髮顏色、色盲、左/右撇子和血型,全都是由基因的遺傳因子(對偶基因)來決定。孟德爾認為,這些遺傳因子會獨立地傳遞到下一代。

既然如此,那麼眼睛顏色的遺傳因子能如何傳給下一代呢?基本的模式中有兩個遺傳因子,b 和 B。

b 是藍色眼睛遺傳因子

B 是棕色眼睛遺傳因子

基因型 bb、bB 和 BB 在人口中呈現的比例 1:1:3

在個體中,遺傳因子以成對的方式顯現,所以可能有的基因型是 bb、bB 和 BB(因為 bB 和 Bb 相同)。一個人會帶有這三種基因型的其中一種,由此決定他的眼睛顏色。舉例來說,人口中可能有五分之一的基因型是 bb、另外有五分之一的基因型是 Bb,而剩下的五分之三是基因型 BB。根據百分比來計算,這些基因型的組成各是人口的 20%、20% 和 60%。我們可以用一個顯示各基因型比例的圖來呈現這點。

遺傳因子 B(代表棕色眼睛)是顯性因子,而代表藍色眼睛的因子 b 則是隱性因子。具有單純基因型 BB 的人會有棕色的眼睛,但具有混和因子的人,也就是基因型為 bB 的人也會有棕色眼睛,因為 B 是顯性。單純基因型 bb,是唯一會出現藍色眼睛的基因型。

十九世紀初期,生物學出現了一個迫切的問題。棕色眼睛是否最終會接管一

西元 1718	西元 1865	西元 1908
亞伯拉罕 · 棣 · 美弗發表《機會論》	孟德爾提出基因的存在以及遺傳定律	哈代和溫伯格證明為什麼顯性基因沒有完全取代隱性基因

切、而藍色眼睛會完全消逝呢？藍色眼睛是否會逐漸滅絕？對於這個問題，可以大聲的回答「不會」。

哈代－溫伯格定律

　　哈代－溫伯格定律可以解釋這點，這就是基礎數學在遺傳學中的應用。這個定律說明了在孟德爾的遺傳論中，為何顯性基因無法完全接管、而隱性基因不會完全消逝。

　　哈代（G. H. Hardy）是英國的數學家，他以自己在非應用數學上的研究為傲。他在理論數學方面是個偉大的研究者，但他更廣為人知的大概是對於遺傳學的獨特貢獻。他在一場板球賽過後，用信封背面的一段數學開啟生命。威廉・溫伯格（Wilhelm Weinberg）出身自非常不同的背景，他是位德國的一般開業醫生，畢生都致力於遺傳學的研究。他跟哈代在同一時間（約 1908 年）發現了這個定律。

　　此一定律跟大族群人口有關，其中的交配是隨機發生。由於沒有優先配對的情況，因此，例如藍色眼睛的人不會偏好跟藍色眼睛的人配對。交配之後，生下的孩子從父母雙方各得到一個遺傳因子。例如，混種基因型 bB 跟混種基因型 bB 交配，可以產生任何一種基因型 bb、bB、BB；但基因型 bb 跟基因型 BB 交配只能產生混種的 bB。b 因子被傳下去的機率是多少呢？若計算 b 因子的數量，各 bb 基因型中有兩個因子，而各 bB 基因型中有一個因子，照比例得出 10 個因子中共有 3 個 b 因子（在我們的人口案例中，三種基因型的比例是 1：1：3）。因此，小孩的基因型含 b 因子而得以傳遞的機率是 $\frac{3}{10}$ 或 0.3，而 B 因子的傳遞機率則是 $\frac{7}{10}$ 或 0.7。所以下一代內含如基因型 bb 的機率為 $0.3 \times 0.3 = 0.09$。完整的各項機率整理如下：

b	b		B	
b	bb	$0.3 \times 0.3 = 0.09$	bB	$0.3 \times 0.7 = 0.21$
B	Bb	$0.3 \times 0.7 = 0.21$	BB	$0.7 \times 0.7 = 0.49$

混種基因型 *bB* 和 *Bb* 完全相同，因此出現這樣的機率是 0.21 + 0.21 = 0.42。若用百分比來表示，新的一代中基因型 *bb*、*bB* 和 *BB* 的比例各是 9%、42% 和 49%。因爲 *B* 是顯性因子，所以這一代會有 42% + 49% = 91% 的人是棕色眼睛。只有基因型爲 *bb* 的個體才會呈現出 *b* 因子的特徵，因此只有 9% 的人有藍色眼睛。

最初的基因型分布是 20%、20% 和 60%，到新一代的基因型分布成爲 9%、42% 和 49%。接下來會發生什麼事情呢？讓我們來看看如果更新的一代也是隨機產生，會有什麼事情發生？*b* 因子的比例是 $0.09 + \frac{1}{2} \times 0.42 = 0.3$，而 *B* 因子的比例是 $\frac{1}{2} \times 0.42 + 0.49 = 0.7$。第三代基因型 *bb*、*bB* 和 *BB* 的分布跟第一代的相同，特別的是，顯現藍色眼睛的基因型 *bb* 不但沒有消逝，反而穩定地維持在人口的 9%。因此，在一連串隨機交配的過程中，基因型的接續比例爲：

$$20\%, 20\%, 60\% \rightarrow 9\%, 42\%, 59\% \rightarrow \cdots \rightarrow 9\%, 42\%, 49\%$$

這點符合哈代—溫伯格定律：一個世代過後，基因型的比例會一代又一代地保持固定，傳遞機率也會固定。

哈代的論證

若要了解哈代—溫伯格定律對任何初始人口（而不只是我們在例子中所選的 20%、20%、60%）都行得通，最好的方法就是參考哈代自己的論證，他在 1908 年將此一論證寫給美國《科學》（*Science*）期刊的編輯。

哈代一開始設定基因型 *bb*、*bB* 和 *BB* 的分布爲 *p*、2*r* 和 *q*，而傳遞機率爲 *p* + *r* 和 *r* + *q*。在我們的數值例子（20%、20%、60%）中，*p* = 0.2、2*r* = 0.2 和 *q* = 0.6。*b* 因子和 *B* 因子的傳遞機率分別爲 *p* + *r* = 0.2 + 0.1 = 0.3 以及 *r* + *q* = 0.1 + 0.6 = 0.7。如果初始基因型 *bb*、*bB* 和 *BB* 的分布不同又是如何呢？假定我們從 10%、60% 和 30% 開始會怎麼樣呢？哈代—溫伯格定律在這個例子中會如何運作？在此我們有 *p* = 0.1、2*r* = 0.6 和 *q* = 0.3，而 *b* 因子和 *B* 因子的傳遞機率分別爲 *p* + *r* = 0.4 以及 *r* + *q* = 0.6。因此，下一代的基因型分布是 16%、48% 和 36%。在隨機交配後，基因型 *bb*、*bB* 和 *BB* 的接續比例爲：

$$10\%, 60\%, 30\% \rightarrow 16\%, 48\%, 36\% \rightarrow \cdots \rightarrow 16\%, 48\%, 36\%$$

誠如先前一樣，一個世代過後，基因型的比例會穩定下來，而傳遞機率 0.4 和 0.6 也會保持固定。就這些數量來看，人口中會有 16% 的藍色眼睛以及 48% + 36% = 84% 的棕色眼睛，因爲 *B* 是在基因型 *bB* 中的顯性因子。

因此哈代─溫伯格定律意味著，基因型 *bb*、*bB* 和 *BB* 的比例會一代又一代地保持固定，無論在人口中最初始的因子分布為何。顯性的 *B* 基因不會完全接管，而基因型的比例本質上是穩定的。

哈代強調，他的模型只是近似。它的簡單和優雅，全都仰賴真實生活中並不具有的許多假設。在這個模型中，基因突變或基因本身改變的機率都不算在內，而傳遞比例保持固定的結果代表沒有演化發生。但真實生活中存在著「基因漂變（genetic drift）」，遺傳因子的傳遞機率並不會保持固定，這會造成整體比例的變化，並且演化出新的物種。

哈代─溫伯格定律以本質的方法，將孟德爾的理論（遺傳學中的「量子理論」）以及達爾文主義和物競天擇結合在一起。等到天才羅納德・費雪（R. A. Fisher）出現，更是將孟德爾的遺傳論跟特徵演化的連續理論調和成一致。

遺傳學在 1950 年代以前缺少了對於基因物質本身的物理了解。在那個年代，因為弗朗西斯・克里克（Francis Crick）、詹姆斯・華生（James Watson）、摩里斯・魏金斯（Maurice Wilkins）和羅莎琳・富蘭克林（Rosalind Franklin）的貢獻，遺傳學有了戲劇性的進展。媒介是去氧核糖核酸（deoxyribonucleic acid）或 DNA。數學則是用來模擬知名的雙股螺旋（纏繞著圓柱體的一對螺線），基因就位在這雙股螺旋的片段上。

研究遺傳學絕對少不了數學。從 DNA 螺旋的基本幾何以及複雜的哈代─溫伯格定律起，至今已經發展出許多處理包括男女差異等特徵（不只是眼睛顏色）以及非隨機交配的數學模式。遺傳學也對數學投桃報李，提出了相當有趣的抽象代數，那具有迷人數學性質的新分支。

重點概念
遺傳學內含基因庫裡的不確定性

38 群

埃瓦里斯特 · 伽羅瓦（Evariste Galois）在年僅二十歲時因為一場決鬥而逝世，但他留下了足夠的概念，讓幾世紀以來的數學家們一直忙個不停。其中包括了群論，這是可以用來量化對稱的數學結構。對稱除了在藝術上很吸引人，對於夢想未來能找出萬物論的科學家也是不可或缺的要素。群論是能夠將「萬物」結合起來的黏著劑。

我們的周遭處處充滿著對稱。希臘瓶是對稱的、雪花是對稱的、建築通常是對稱的，而有些字母也是對稱的。對稱的類型很多，其中最主要的是鏡像對稱和旋轉對稱。我們在此只探討二維的對稱，也就是研究的物體全都存在於這一頁的平坦紙面上。

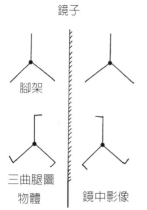

鏡子

腳架

三曲腿圖

物體　　　鏡中影像

鏡像對稱

我們能否設置一面鏡子，好讓一個物體在鏡子前和鏡子裡看起來都一樣呢？MUM 這個單字具有鏡像對稱，但 HAM 則不具有鏡像對稱；鏡子前的 MUM 在鏡子裡也是 MUM，然而 HAM 在鏡子裡就變成了 MAH。三腳架具有鏡像對稱，然而三曲腿圖（多了一小截的三腳架）就沒有。鏡子前的三曲腿圖是向右轉的（右旋），但它在所謂的影像平面的鏡中影像則是向左轉（左旋）。

旋轉對稱

我們可能也想知道是否有個跟頁面垂直的軸，讓物體可以在頁面上繞著軸旋轉一個角度後又回到原來的位置。三腳架和三曲腿圖都有旋轉對稱。三曲腿圖（意思是三條腿）是個有趣的形狀。右旋的版本是象徵曼島（Isle of Man）的圖像，它也出現在西西里島的旗幟上。

大事紀

西元 1832	西元 1854	西元 1872
伽羅瓦提出置換群的概念	凱萊試圖將群的觀念概化	菲利克斯 · 克萊因開始一個計畫，目的在於使用群來將幾何分類

　　如果我們將三曲腿圖轉 120 度或 240 度，旋轉後的圖像會跟原本的重疊；如果你在旋轉之前閉上眼睛，當你在旋轉後再次張開眼睛時，會看到相同的三曲腿圖。

　　三腿圖像的奇妙之處在於，無論在平面上怎麼旋轉，都不會將右旋的三曲腿圖變成左旋。物體若在鏡中的影像和鏡前原本的樣子有所區別，我們稱之為對掌性，看起來相似但卻並不相同。有些化合物的分子結構可能在三維中同時以左旋和右旋的形式存在，這些就是對掌性物體的例子。其中有個例子是化合物檸檬油精（limosene），它的一個形式嚐起來像檸檬，另一個則像是橘子。沙利竇邁（thalidomide）這種藥的一個形式能有效地治療孕婦的害喜，但是另一個形式卻會帶來悲劇性的後果。

曼島三曲腿圖

測量對稱

　　在三曲腿圖的例子中，基本的對稱運算是（順時針）旋轉 120 度（R）和旋轉 240 度（S）。I 則是將三角形旋轉 360 度或是完全都不轉動。我們可以根據這些旋轉的組合製作一張表格，我們也可以用相同的方式製作乘法表格。

　　這個表格就像內含數字的普通乘法表格，只是我們「相乘」的是符號。根據最廣泛使用的慣例，乘法 $R \circ S$ 代表的是，三曲腿圖先以 S 順時針旋轉 240 度，然後再以 R 旋轉 120 度，結果是旋轉了 360 度，就好像完全沒做什麼。這可以用 $R \circ S = I$ 來表示，結果可以在表格的倒數第二排和最後一行的交叉處找到。

　　三曲腿圖的對稱群是由 I、R 和 S，以及如何結合他們的乘法表所組成。因為這個群包含三個元素，所以它的大小（或稱「階」）是三。這個表也稱做凱萊表〔以數學家阿瑟 · 凱萊命名，他是飛行先驅喬治 · 凱萊爵士（George Cayley）的遠房表親〕。

　　就跟三曲腿圖一樣，沒有多一截的三腳架具有旋轉對稱。然而三腳架也同時具備鏡像對稱，所以它具有更大的對稱群。我們將三個鏡像軸的反射稱為 U、V 和 W。

∘	I	R	S
I	I	R	S
R	R	S	I
S	S	I	R

三曲腿圖對稱群的
凱萊表

西元 1891

葉夫格拉夫 · 費德洛夫（Evgraf Fedorov）和阿瑟 · 尚佛利斯（Arthur Schönflies）獨自將 230 個結晶群分類

西元 1983

完成有限單群（simple groups）的分類並且證明了巨大定理

○	I	R	S	U	V	W
I	I	R	S	U	V	W
R	R	S	I	V	W	U
S	S	I	R	W	U	V
U	U	W	V	I	S	R
V	V	U	W	R	I	S
W	W	V	U	S	R	I

三腳架對稱群的凱萊表

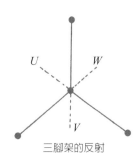

三腳架的反射

三腳架的對稱群較大（階等於六），由六個轉換 I、R、S、U、V 和 W 組成，如下圖的乘法表所示。

將不同鏡像軸的兩個反射組合會得到一個有趣的轉換，像是 U。W（先反射 W，接著是反射 U）。實際上這是三腳架旋轉 120 度，符號為 $U。W = R$。以另一種方式結合反射，亦即 $W。U = S$，得到的是旋轉 240 度。特別的是 $U。W \neq W。U$，這是群的乘法表和普通的數字乘法表之間最主要的差異。

若一個群中，結合元素的順序並不重要，這樣的群就稱做阿貝爾群，是以尼爾斯 · 阿貝爾命名。三腳架的對稱群，是非阿貝爾群中最小的群。

抽象群

二十世紀的代數往抽象代數的方向發展，在抽象代數中，群是由一些名為公理的基本規則定義。在這個觀點之下，三角形的對稱群變成是抽象系統的一個例子。代數中有些系統比群更為基本，需要的公理也比較少；另外其他的系統更為複雜，需要更多的公理。然而，群的概念不多也不少，是所有代數系統中最重要的。值得注意的是，從這麼少的公理中可以出現如此龐大的知識體系。抽象方法的優點是，一般定理可以用來推論所有的群，如果需要，也可以應用到特定的群。

群論的特色是，可能有小的群落在大的群之中。三階的三曲腿圖對稱群，就是六階的三腳架對稱群的子群。約瑟夫 · 拉格朗日證明了一個關於子群的基本事實。拉格朗日的定理說到，子群的階永遠都可以整除群的階。由此我們自動推得，三腳架的對稱群不可有四階或五階的子群。

群的分類

有個進行多年的龐大計劃，是要將所有可能的有限群加以分類。但不需要把所有的群都一一列出，因為有些群是從基本的群中建立，我們需要的就是這些基本的群。分類的原則十分接近化學的方式，我們感興趣的焦點是在基本的化學元素，而不是由基本元素組成的化合物。六個元素的三腳架對稱群，是由旋轉群（三階）和反射群（兩階）建成的「化合物」。

幾乎所有基本的群都可以被分進已知的類別。被稱為「巨大

定理（enormous theorem）」的完整分類是由丹尼爾 · 葛侖斯坦（Daniel Gorenstein）在 1983 年公諸於世，這累積了數學家們 30 年來的重要研究和發表才得以達成，它是個內含所有已知群的地圖集。基本群落在四種主要類型之一，另外已經發現有 26 個群沒有落在任何一個類別，他們被稱爲離散群（sporadic groups）。

離散群大多特立獨行，而他們的階通常比較大。最小的五個離散群是由艾米爾 · 馬提厄（Emile Mathieu）在 1860 年代發現的，但多數的近代活動是發生在 1965～1975 年之間。最小離散群的階是 $7920 = 2^4 \times 3^2 \times 5 \times 11$，但位在頂端是「小怪獸（baby monster）」和徹底的「怪獸」，它的階是 $2^{46} \times 3^{20} \times 5^9 \times 7^6 \times 11^2 \times 13^3 \times 17 \times 19 \times 23 \times 29 \times 31 \times 41 \times 47 \times 59 \times 71$，若用十進位制表示大約是 8×10^{53}，或如果你喜歡也可以寫成 8 後面跟著 53 個 0，確實是一個相當龐大的數字。26 個離散群中，有 20 個可以用「怪獸群」裡面的子群來表示，無視於分類系統的另外六個群則被稱爲「六賤民」。

雖然靈巧簡潔的證明在數學界比較吃香，但有限群的分類就像是寫了 10000 頁密密麻麻的論證符號。數學的進展，並不是永遠都仰賴單一個傑出的天才所做出的貢獻。

群的公理

一組元素的聚集 G 加上「乘法」。就稱爲群，如果：

1. 在 G 中有元素 1，讓群中的所有元素 a 都是 $1 \circ a = a \circ 1 = a$（特別的元素 1 被稱爲單位元素）；

2. 對於 G 中的各個 a，在 G 中都有個元素 $\bar{a}$ 使得 $a \circ \bar{a} = a \circ a = 1$（元素 $\bar{a}$ 被稱爲 a 的逆元素）；

3. 對於 G 中所有的元素 a、b 和 c，$a \circ (b \circ c) = (a \circ b) \circ c$ 都爲眞（稱爲結合律）。

重點概念
測量對稱

39 矩陣

這是個關於「非凡代數」的故事——一場發生在十九世紀中期的數學革命。數學家幾世紀以來都在擺弄著數字方塊，但是把方塊視為單一數字則是在 150 年前興起，是由一小群意識到它潛力的數學家所發起的。

普通代數是指傳統的代數，其中的符號，像是 a、b、c、x 和 y 各代表單一數字。許多人發現這難以理解，但數學家認為這往前進了好大一步。相較之下，「非凡代數」的產生更是如地震般的重大變革。就複雜的應用方面，從一維代數到多維代數的這項進展，已證明它是多麼地強大有力。

多維數字

在普通代數中，a 可能代表數字（例如 7），而我們為寫成 $a = 7$，但是在矩陣（matrix）理論中，矩陣 A 會是「多維的數字」，例如這樣的方塊：

$$A = \begin{bmatrix} 7 & 5 & 0 & 1 \\ 0 & 4 & 3 & 7 \\ 3 & 2 & 0 & 2 \end{bmatrix}$$

這個矩陣有 3 列、4 行（3×4 的矩陣），但原則上，我們可以有任意行與任意列的矩陣，即便是 100 列、200 行的「100×200」的矩陣都可以。矩陣代數的重大優點是，我們可以將極大的數字陣列（像是統計學中的資料集）想成一個實體。還不只如此，我們更可以簡單、有效地將這數字方塊相乘。如果我們想把兩個資料集裡的全部數字（各資料集內含 1000 個數字）相加或相乘，我們不需要進行 1000 次的計算，我們只需要進行一次（將兩個矩陣相加或相乘）計算。

大事紀

西元前 200	西元 1850	西元 1858
中國數學家使用數字陣列	西爾維斯特（J. J. Sylvester）提出「矩陣」這個名詞	凱萊發表《矩陣理論紀要》（*Memoir on the Theory of Matrices*）

實際例子

假設矩陣 A 代表 AJAX 公司在一週內的產量。AJAX 公司有三間位於國內不同地區的工廠，我們要測量這些工廠生產的四種產品的產量（單位是 1000 個品項）。在我們的例子中，以前述的矩陣 A 記錄產品數量：

	產品 1	產品 2	產品 3	產品 4
工廠 1	7	5	0	1
工廠 2	0	4	3	7
工廠 3	3	2	0	2

下一週的產品計畫表或許不同，但也可以寫成另一個矩陣 B。例如，矩陣 B 可能如下：

$$B = \begin{bmatrix} 9 & 4 & 1 & 0 \\ 0 & 5 & 1 & 8 \\ 4 & 1 & 1 & 0 \end{bmatrix}$$

兩週的產品總數為何？矩陣理論家說，只要把矩陣 A 和矩陣 B 中對應的數字加在一起：

$$A + B = \begin{bmatrix} 7+9 & 5+4 & 0+1 & 1+0 \\ 0+0 & 4+5 & 3+1 & 7+8 \\ 3+4 & 2+1 & 0+1 & 2+0 \end{bmatrix} = \begin{bmatrix} 16 & 9 & 1 & 1 \\ 0 & 9 & 4 & 15 \\ 7 & 3 & 2 & 2 \end{bmatrix}$$

夠簡單吧。可惜的是，矩陣的乘法就沒有那麼淺顯易懂。回到 AJAX 公司的例子上，假設四個產品的單位利潤各是 3、9、8、2。我們當然可以計算各產品的產量為 7、5、0、1，工廠 1 總共有多少利潤。計算的結果是 $7 \times 3 + 5 \times 9 + 0 \times 8 + 1 \times 2 = 68$。

然而，我們不但能處理一間工廠，還可以同樣簡單地計算所有工廠的總利潤 T。

西元 **1878**
喬治‧弗羅貝尼烏斯（Georg Frobenius）證明矩陣代數的一些關鍵結果

西元 **1925**
海森堡將矩陣力學用於量子理論

$$T=\begin{bmatrix}7&5&0&1\\0&4&3&7\\3&2&0&2\end{bmatrix}\times\begin{bmatrix}3\\9\\8\\2\end{bmatrix}=\begin{bmatrix}7\times3+5\times9+0\times8+1\times2\\0\times3+4\times9+3\times8+7\times2\\3\times3+2\times9+0\times8+2\times2\end{bmatrix}=\begin{bmatrix}68\\74\\31\end{bmatrix}$$

仔細看看，你就會了解列乘行的乘法，這是矩陣乘法的基本特徵。除了單位利潤，我們還知道各產品的單位體積 7、4、1、5，我們只需要單一個矩陣乘法，一下子就可以計算三間工廠的利潤以及所需的貯存空間：

$$\begin{bmatrix}7&5&0&1\\0&4&3&7\\3&2&0&2\end{bmatrix}\times\begin{bmatrix}3&7\\9&4\\8&1\\2&5\end{bmatrix}=\begin{bmatrix}68&74\\74&54\\31&39\end{bmatrix}$$

貯存空間總數是在結果矩陣的第二行，亦即 74、54 及 39。矩陣理論非常強而有力。請想像這樣的情況：一家公司有上百間工廠、上千種產品，以及在各週有不同的單位利潤和貯存需求。有了矩陣代數的計算，我們的理解都變得相當直接，無需再擔心任何要處理的細節。

矩陣代數 vs 普通代數

矩陣代數和普通代數之間有許多相似之處，然而最明顯的差異出現在矩陣的乘法。如果我們將矩陣 A 和矩陣 B 相乘，然後用反過來的方式再算一次：

$$A\times B=\begin{bmatrix}3&5\\2&1\end{bmatrix}\times\begin{bmatrix}7&6\\4&8\end{bmatrix}=\begin{bmatrix}3\times7+5\times4&3\times6+5\times8\\2\times7+1\times4&2\times6+1\times8\end{bmatrix}=\begin{bmatrix}41&58\\18&20\end{bmatrix}$$

$$B\times A=\begin{bmatrix}7&6\\4&8\end{bmatrix}\times\begin{bmatrix}3&5\\2&1\end{bmatrix}=\begin{bmatrix}7\times3+6\times2&7\times5+6\times1\\4\times3+8\times2&4\times5+8\times1\end{bmatrix}=\begin{bmatrix}33&41\\28&28\end{bmatrix}$$

由此可以看出在矩陣代數中，$A\times B$ 與 $B\times A$ 並不相同，這樣的情況在一般代數中不會出現。在一般代數中，兩個相乘數字的順序不會造成答案的不同。

另一個差異出現在倒數。在一般代數中，倒數很容易計算。如果 $a=7$，它的倒數是 $\frac{1}{7}$，因為它具有 $7\times\frac{1}{7}=1$ 的性質。我們有時將倒數寫成 $a^{-1}=\frac{1}{7}$，因此我們得到 $a^{-1}\times a=1$。

矩陣理論的一個例子是 $A=\begin{bmatrix}1&2\\3&7\end{bmatrix}$，我們可以證實 $A^{-1}=\begin{bmatrix}7&-2\\-3&1\end{bmatrix}$，因為 $A^{-1}\times A$ $=\begin{bmatrix}7&-2\\-3&1\end{bmatrix}\times\begin{bmatrix}1&2\\3&7\end{bmatrix}=\begin{bmatrix}1&0\\0&1\end{bmatrix}$，其中 $I=\begin{bmatrix}1&0\\0&1\end{bmatrix}$ 被稱為單位矩陣，相當於普通代數中的

1。在普通代數中，只有 0 沒有倒數，但是在矩陣代數中有許多矩陣沒有逆矩陣。

旅行計畫

　　另一個使用矩陣的例子是分析航空公司的飛行網絡，這牽涉到樞紐機場和較小的機場。實際上，這可能涉及好幾百個終點站，但此處我們只探討小小的例子：樞紐機場倫敦（London, **L**）、巴黎（Paris, **P**），以及較小的機場愛丁堡（**Edinburgh, E**）、波爾多（**Bordeaux, B**）和土魯斯（**Toulouse, T**），下圖顯示可能的直飛路線網絡。若要用電腦分析這樣的網絡，首先要用矩陣將他們編碼。如果兩個機場之間有直飛，那矩陣中標記這兩個機場〔例如從倫敦（**L**）飛到愛丁堡（**E**）〕的行、列交叉處就記錄 1。將前述網絡加以描述的「連線」矩陣是 A。

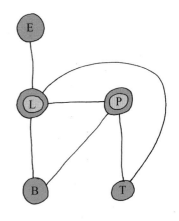

　　下方的子矩陣（用虛線標出）顯示，三個較小的機場之間沒有飛機直飛。這個矩陣和自己相乘的乘積 $A \times A = A^2$ 可以解釋為，兩個機場間只停一站的可能航線有幾條。舉例來說，從巴黎（**P**）有三種可能的航線途經其他城市再回到巴黎（**P**），但是從倫敦（**L**）到愛丁堡（**E**）之間沒有任何一條只停一站的航線。直飛或只停一站的航線數量，是矩陣 $A + A^2$ 裡的元素。這個例子讓我們再次看到，矩陣能夠在單一次計算的保護下留住大量資料的精髓。

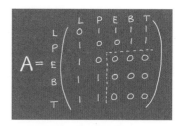

　　當一小群數學家在 1850 年代創造出矩陣理論時，他們這麼做是為了要解決理論數學的問題。但從應用的角度來看，矩陣理論可以說是一個「尋找問題的解答」。正如經常發生的那樣，確實出現了需要這發展中理論的「問題」。有個早期的應用發生在 1920 年代，當時的維爾納 · 海森堡（Werner Heisenberg）在研究「矩陣力學」，這是量子理論的一部分。另一個先驅是歐爾佳 · 陶斯基 · 托德（Olga Taussky-Todd），她有段時期在研究飛行器的設計並使用了矩陣代數。當問到她如何發現這門學科時，她回答說其實是反過來的，是矩陣理論找到了她。這些事情就像是數學遊戲。

重點概念

矩陣像是結合數字方塊

40 數碼

尤利烏斯 · 凱撒（Julius Caesar）跟現代數位訊號的傳輸之間有什麼共同之處？簡單的回答是密碼和編碼。若要將數位訊號送入電腦或數位電視機，不可或缺的是將聲音和圖像編碼成一連串的 0 和 1（二進位碼），這是這些裝置唯一了解的語言。凱撒使用密碼跟他的將軍們溝通，好讓訊息不會外洩，他的作法是根據只有他和將軍們知道的關鍵金鑰，更改訊息中的字母順序。

對凱撒而言，正確至關重要，這也需要有效的數位訊息傳輸。凱撒還希望別人不要知道他的密碼，而有線電視和衛星廣播電視公司同樣只希望有付費的用戶才能看懂他們的訊號。

我們先來了解正確性。人為的錯誤或「傳輸過程的干擾」永遠都會發生，因此一定得加以處理。數學思考讓我們能建構編碼系統，以此來偵測錯誤甚至進行更正。

錯誤偵測與錯誤更正

最早的二進位編碼系統之一是摩斯密碼（Morse code），它使用兩個符號：點（·）和短線（－）。美國的發明家薩慕爾 · 摩斯（Samuel F. B. Morse）在 1844 年使用他的密碼，從華盛頓（Washington）往巴爾的摩（Baltimore）送出第一個跨城市的訊號。這個密碼是為了十九世紀中期的電報所設計，並沒有考慮太多的效能設計。在摩斯密碼中，字母 A 編碼為 ·－、B 是－···、C 是－·－·，其他的字母各有不同的點和短線排序。電報報務員若要發送「CAB」，需要送出這樣一串－·－·/·－/－···。無論它有多少優點，摩斯密碼都不太能偵測錯誤，更遑論更正錯誤。如果摩斯密碼發報員想發送「CAB」，但卻不小心把 C 裡的一個短線打成點，還忘了 A 中的短線，並且在

大事紀

西元前 55	西元約 1750	西元 1844
尤利烏斯 · 凱撒入侵英國，跟他的將軍使用密碼溝通	歐拉定理為公開金鑰加密奠定基礎	摩斯用他的密碼傳輸第一個訊息

發送 B 時因爲干擾把點換成短線，結果會收到 ・・－／・／－－・・，接收器並不會察覺任何錯誤而會將之解釋爲「FEZ」。

我們可以在更原始的層次看看只由 0 和 1 組成的編碼系統，其中 0 代表一個字、1 代表另一個字。假設有位陸軍司令必須傳送一個訊息給他的部隊，這個訊息不是「進攻」、就是「不要進攻」。「進攻」指令可以編碼爲「1」，而「不要進攻」則編碼爲「0」。若是錯誤地送出 0 或 1，接收者永遠都不會知道有錯，只會得到錯誤的指令，帶來災難性的後果。

我們可以用長度爲 2 的代碼來改善問題。如果這次我們將「進攻」指令編碼爲 11、「不要進攻」編碼爲 00 就會好一點。若其中一位出錯，會導致接收者收到 01 或 10。因爲只有 11 或 00 才是合法的代碼，所以接收者必定會知道出現錯誤。這個系統的優點是可以偵測錯誤，但我們還是不知道該如何更正。如果收到 01，我們要如何知道應該送出的是 00 或 11 呢？

有種更好的系統是結合更長的代碼設計。如果我們把「進攻」指令編碼爲 111、「不要進攻」編碼爲 000，誠如先前一樣，只要有一位出錯就絕對能被偵測。如果我們知道最多只會出一個錯（這是個合理的假設，因爲一個代碼字中出現兩個錯誤的機會微乎其微），實際上接收者就能夠由此做出更正。舉例來說，如果收到的是 110，那麼正確的訊息應該是 111。根據我們的規則知道這不可能是 000，因爲這個代碼字跟 110 之間有兩位的錯誤。在這個系統中只有兩個代碼字——000 和 111，但他們之間的差距大到足以讓錯誤偵測與更正成爲可能。

在自動更正模式中，文字處理使用的是相同的原則。如果我們打出「animul」，文字處理器偵測到錯誤，並且以最接近的「animal」加以更正。英文無法徹底地進行更正，因爲如果我們打出「lomp」，最接近的字並不是只有一個，像是 lamp、limp、lump、pomp 和 romp，他們全都跟 lomp 有一個錯誤之差。

組成現代二進位碼的，是一大塊且包含 0 和 1 的代碼字。藉由選擇差距夠大的合法代碼字，就有可能進行錯誤的偵測與更正。摩斯密碼的代碼字太過接近，但用來傳輸衛星資料的現代編碼系統永遠都能夠進入自動更正模式。在錯誤偵測

方面有高性能的長代碼字，要花較長的時間傳輸，因此在長度和傳輸速度之間必須有所取捨。美國太空總署（NASA）航行外太空使用的是三錯更正（three-error correcting），這樣的代碼經過證明足以對抗傳輸線上的干擾。

訊息保密

尤利烏斯・凱撒藉由只有他和將軍們知道的關鍵金鑰，更改訊息中的字母順序，好讓他的訊息不會外洩。如果金鑰落入敵人手中，他的訊息可能就會被對方破解。在中世紀，蘇格蘭的瑪麗女王（Mary Queen）從監牢中以密碼的方式送出秘密訊息。瑪莉想要推翻表妹伊莉莎白女王（Queen Elizabeth），但密碼訊息卻被中途攔截。她的密碼比羅馬人用金鑰轉換所有字母的方法更複雜精細，是以替代作為基礎，但藉由分析使用的字母和符號的頻率，就能夠發現這個方法的金鑰。在二次大戰期間，德國的恩尼格瑪密碼因為金鑰被發現而遭到破解。這種情形是個難以克服的挑戰，密碼永遠都有破綻，因為金鑰是作為訊息的一部分共同傳輸。

在 1970 年代，發現了訊息加密的驚人發展。這個發現與過去一直以來所遵循的背道而馳，它讓我們知道，秘密金鑰可以傳播給所有的人但訊息卻仍能徹底安全。這就是所謂的公開金鑰加密。這個方法仰賴的是已經 200 歲的定理，而它隸屬於一個最沒有用的數學分支。

公開金鑰加密

在間諜同業中人稱「J」的約翰・山德（John Sender，此一姓氏的意義為傳送者）先生是個特務，他剛剛抵達這個城鎮，想送一個秘密訊息給羅德尼・瑞西佛（Rodney Receiver，此一姓氏的意義為接收者）博士，通知他自己已經到了。然而他下一步的行動相當讓人匪夷所思。他到公立圖書館，從書架上拿了本鎮上的通訊錄查詢羅德尼・瑞西佛博士。在通訊錄中，他沿著瑞西佛這個姓找到兩個數字，長的是 247、短的是 5。每個人都可以得到這個資訊，這也是約翰・山德需要用來加密他的訊息（簡單的說就是他的名片，J）的全部資訊。字母 J 在一列單字的第 74 位，這也同樣是公開可得的資訊。

山德以計算 74^5 模除（modulo）247 來加密 74，也就是他想知道 74^5 除以 247 的餘數是多少。只要用普通的計算機就可以算出 74^5，但它必須精確地計算出來：

$$74^5 = 74 \times 74 \times 74 \times 74 \times 74 = 2219006624$$

且

$$2219006624 = 8983832 \times 247 + 120$$

所以這麼巨大的數字除以 247 後得到的餘數是 120。

山德的加密訊息是 120，他將這個數字傳送給瑞西佛。因為數字 247 和 5 都是公開可得的，所以任何人都可以加密訊息。然而並不是所有人都能夠解密。瑞西佛博士暗藏了更多資訊。他將兩個質數相乘，組成他的個人數字 247。在這個情況下，它是將 p = 13 和 q = 19 相乘，得到數字 247，但只有他自己知道。

這個從李昂哈德 · 歐拉而來的古老定理，在此被翻了出來、重新受到仔細的關注。瑞西佛博士利用 p = 13 和 q = 19 的知識找到一個 a 值，使得 5×a ≡ 1 模除 (p－1)(q－1)，其中的符號「≡」代表模除計算中的等於。a 是多少才會讓 (5×a) 除以 (12×18 = 216) 餘 1 呢？省略實際的計算，他得到的 a = 173。

因為瑞西佛博士是唯一知道質數 p 和 q 的人，所以他也是唯一能計算出數字 173 的人。有了 173，他解出巨大數字 120^{173} 除以 247 的餘數。這已經超出普通計算機的計算能力，不過用電腦還是可以輕易得到，答案是 74，正如歐拉在兩百年前所知。得到這個資訊後，瑞西佛博士查詢第 74 位的字，了解 J 已經回到城裡。

你或許會說，駭客當然可能發現 247 = 13×19 這件事而能夠破解密碼。你或許是對的。但如果瑞西佛博士用了另一個數字而不是 247，加密和解密的原則還是相同。他可以選擇兩個非常大的質數，把他們乘在一起，得到比 247 大上許多的數字。

想找出一個極大數的兩個質因數，實際上是不可能的，例如 24812789922307 的因數是什麼呢？而我們還可以選擇一個比這個更大的數。公開金鑰系統是安全的，倘若加入超級電腦，成功地分解出加密數字的因子，那瑞西佛博士要做的只有讓數字繼續變得更大。到最後，瑞西佛博士「把一箱白沙、黑沙混和在一起」，一定會比駭客想把這箱子裡的黑白沙子分開要簡單許多。

重點概念
用數碼將訊息保密

41 進階計數

數學有個分支叫做組合數學，有時被稱作進階計數。這不是你把腦中的一欄數字相加起來而已。「有多少？」是個問題，但「物體可以怎麼樣組合？」也是個問題。問題的陳述通常十分簡單，不會伴隨著結構沉重的數學理論，也就是在你開始準備動作之前，沒必要知道許多的預備工作。這讓組合問題更具有吸引力。但為了你的健康，還是要提出一個警告：小心可能上癮，他們絕對會讓你睡眠不足。

來自聖艾維斯的傳說

孩子在小小年紀就可以開始做組合數學。有一首傳統的童謠，歌詞就提出了組合數學的問題：

*當我要去聖艾維斯的時候（As I was going to St Ives），
我遇見一個娶了七個太太的男人（I met a man with seven wives）；
每個太太有七個麻袋（Each wife had seven sacks），
每個麻袋裝了七隻貓咪（Each sack had seven cats），
每隻貓咪有七隻小貓（Each cat had seven kits），
小貓、貓咪、麻袋和太太（Kits, cats, sacks, and wives），
要去聖艾維斯的總共有多少（How many were there going to St Ives）？*

最後一句是有陷阱的問題（答案是1）。但是任何問題永遠都可以反過來問：從聖艾維斯來的有多少呢？解釋相當重要。我們能否確定這個男人和他所有的太太全都從聖艾維斯旅行而來？在遇見這個男人的時候，太太們是否都在身邊，或者她們在別的地方呢？組合問題的第一個要求是，必須清楚地陳述和理解這個問題。

大事紀

西元前 約 1800	西元 約 1100	西元 1850
萊因德紙草書在埃及被撰寫出來	拜斯卡拉（Bhaskara）處理排列與組合	柯克曼提出十五個女學生問題

我們假設跟他一起走的全都沿著單一條路從康瓦耳（Cornish）的濱海小鎮一路過來，而且「小貓、貓咪、麻袋和太太」全部都在。來自聖艾維斯的有多少？下表提供我們一個解答。

男人	1	1
太太	7	7
麻袋	7×7	49
貓咪	7×7×7	343
小貓	7×7×7×7	2401
總和		**2801**

蘇格蘭的古物研究者亞歷山大 · 萊因德（Alexander Rhind）在 1858 年造訪路克索（Luxor）時，偶然發現一張五公尺長的草紙，上面被西元前 1800 年那個時代的埃及數學家寫得滿滿的，他買下了草紙。幾年後，大英博物館取得這張草紙，將裡面的象形文字翻譯出來。萊因德草書的問題 79，是個房子、貓、老鼠和小麥的問題，跟聖艾維斯的小貓、貓咪、麻袋和太太的問題十分類似。兩個問題都涉及 7 的次方，分析的方法也都相同。看來，組合數學似乎有一段很長的歷史。

階乘數

列隊問題讓我們看到組合數學兵工廠裡的第一項武器：階乘數。假設 **A**lan、**B**rian、**C**harlotte、**D**avid 和 **E**llie 自行排成一個列隊。

E　C　A　B　D

這個列隊的排頭是 Ellie，接著是 Charlotte、Alan 和 Brian，David 則排在最後。把這些人的順序交換會形成另一個列隊；共有多少種可能的列隊呢？

計算這個問題的技巧在於選擇。排頭的人是誰共有 5 種選擇，一旦選好了誰是排頭，第二個位置有 4 種選擇，以此類推。當排到最後一個的時候就完全沒有選擇，因為只能把剩下的那個人排進去。因此，可能的列隊有 $5×4×3×2×1 = 120$ 種。如果我們一開始有 6 個人，那麼不同列隊的數量就會

西元 **1930**

弗蘭克 · 拉姆齊（Frank Ramsey）研究組合數學

西元 **1971**

瑞 · 喬胡利（Ray-Chaudhuri）和威爾遜（Wilson）證明一般柯克曼系統的存在

數字	階乘
0	1
1	1
2	2
3	6
4	24
5	120
6	720
7	5040
8	40320
9	362880

是 $6 \times 5 \times 4 \times 3 \times 2 \times 1 = 720$，而 7 個人則是 $7 \times 6 \times 5 \times 4 \times 3 \times 2 \times 1 = 5040$ 種可能的列隊。

連續整數相乘所得到的數字，被稱爲階乘數。這在數學中很常出現，所以他們有個記號是寫成 5!（讀成五階），以此代替 $5 \times 4 \times 3 \times 2 \times 1$。讓我們來看看前幾個階乘（我們將 0! 定義爲 1）。我們立刻會看到「小」的配置結構卻產生「大」的階乘數，也就是數字 n 或許很小，但 n! 可能相當龐大。

如果我們還是對 5 個人形成的列隊感到興趣，但現在可以從一群八個人 A、B、C、D、E、F、G 和 H 之中來挑選，分析方法幾乎相同。列隊的排頭有 8 種選擇，第二個位置有 7 種選擇，以此類推。不過這次到了排尾有 4 種選擇。因此，可能的列隊數量是：

$$8 \times 7 \times 6 \times 5 \times 4 = 6720$$

這裡的可以用記號來表示階乘數，因爲：

$$8 \times 7 \times 6 \times 5 \times 4 = 8 \times 7 \times 6 \times 5 \times 4 \times \frac{3 \times 2 \times 1}{3 \times 2 \times 1} = \frac{8!}{3!}$$

組合

在列隊中，順序相當重要。這兩個列隊：

C　E　B　A　D　　　　D　A　C　E　B

由相同的字母組成，但卻是不同的列隊。我們已經知道，由這些數字組成的列隊有 5! 種。如果我們感興趣的是，計算從 8 個人中選出 5 人（不考慮順序）有幾種方法，我們必須將 $8 \times 7 \times 6 \times 5 \times 4 = 6720$ 除以 5!。因此，從 8 人中選出 5 人的方法數爲：

$$\frac{8 \times 7 \times 6 \times 5 \times 4}{5 \times 4 \times 3 \times 2 \times 1} = 56$$

這個用 C 表示組合的數字，寫成 $^8C_5$，且：

$$^8C_5 = \frac{8!}{3! \, 5!} = 56$$

英國樂透彩（UK National Lottery）的規則是，需要從 49 個數字中選 6 個數字，這樣會有多少種可能性？

$$^{49}C_6 = \frac{49!}{43! \, 6!} = \frac{49 \times 48 \times 47 \times 46 \times 45 \times 44}{6 \times 5 \times 4 \times 3 \times 2 \times 1} = 13983816$$

只有一種組合會贏，因此中頭獎的機會大概是一千四百萬分之一。

柯克曼的問題

組合數學是個很廣泛的領域，雖然不新，但是在過去四十年間因爲跟電腦科學的關聯而迅速發展。涉及圖論、拉丁方陣等諸如此類的問題，都可以被視爲現代組合數學的一部分。

這門學科的大師托馬斯・柯克曼牧師捕捉到組合數學的精髓，在他研究的年代，組合數學大多跟趣味數學連在一起。他在離散幾何、群論與組合數學方面都有許多獨創性的貢獻，但從來沒有獲得任何一所大學的職位。有個難題增強了他作爲數學家的名聲，並因爲這個難題而讓人們永遠都記得他。在 1850 年，柯克曼提出「十五個女學生問題」，問題中，十五個女學生在每一天都會排成 5 列、3 行走路去上教堂。如果你對數獨感到厭煩，或許你會想嘗試解開這個問題。我們需要組織一下每天的計畫表，這樣才不會出現兩個人走在一起的機會超過一次。謹慎地利用大小寫來區分這些女學生：abigail、beatrice、constance、dorothy、emma、frances、grace、Agnes、Bernice、Charlotte、Danielle、Edith、Florence、Gwendolyn 以及 Victoria，分別用 a、b、c、d、e、f、g、A、B、C、D、E、F、G 和 V 來標記。

對於柯克曼的問題，實際上有七種不同的解，我們提出的解是「循環」，這是由「繞行」所產生。以下表格是用女學生的標記所寫出的排列方式。

星期一	星期二	星期三	星期四	星期五	星期六	星期天
a A V	b B V	c C V	d D V	e E V	f F V	g G V
b E D	c F E	d G F	e A G	f B A	g C B	a D C
c B G	d C A	e D B	f E C	g F D	a G E	b A F
d f g	e g a	f a b	g b c	a c d	b d e	c e f
e F C	f G D	g A E	a B F	b C G	c D A	d E B

稱爲循環是因爲，連續各天的散步計畫表是從 **a** 到 **b**、**b** 到 **c**，一直到 **g** 到 **a**。大寫字母的女學生也是一樣，**A** 到 **B**、**B** 到 **C** 等以此類推，但 Victoria 保持不動。

記號選擇的背後原因是，這些列對應到法諾幾何（參見第 28 章）的線。柯克曼的問題不只是單純的室內遊戲，而是個主流數學的重要部分。

重點概念
有多少種組合？

42 魔術方陣

哈代（G. H. Hardy）寫道：「數學家跟畫家或詩人一樣，都是模式的製造者。」魔術方陣有著非常奇妙難解的模式，就算用數學標準來看仍是如此。他們大多介於用符號代表的數學以及猜謎達人喜愛的迷人模式之間。

魔術方陣是一個方形格子，其中各格寫進不同的整數，好讓各水平列與各垂直排以及各對角線的數字和相等。

只有一列和一行的方陣，嚴格來說也算魔術方陣，但是十分無趣，所以我們在此忽略。不可能有兩行、兩列的魔術方陣。如果真的存在，我們就會有下圖所示的這種形式。既然列的數字相加必須等於行的數字相加，那麼 $a + b = a + c$。意思是 $b = c$，這與「格子中寫入的所有數字都不相同」的事實互相矛盾。

九宮圖

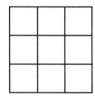

因為 2×2 的方陣並不存在，所以我們來看看 3×3 的陣列，並且試著用方形格子來建構。我們從標準的魔術方陣開始，在各個格裡填上連續數字 1、2、3、4、5、6、7、8 和 9。

對於這樣的小方陣，我們有可能用「嘗試測驗」的方法來建構 3×3 的魔術方陣，但我們可以先做些推論來加以協助。如果我們將格子內的所有數字相加，我們得到：

$$1 + 2 + 3 + 4 + 5 + 6 + 7 + 8 + 9 = 45$$

這個總和必須等於三列的總和相加。這表示，每一列（以及每一行和每條對角線）的數字和必須等於 15。現在，讓我們來看看中間這格，我們稱它為 c。對角線就跟中間那列與中間那行一樣都包含 c。如果我們把這四條線（2 條對角

線、1 條中間行、1 條中間列）的數字加在一起，我們會得到 15 + 15 + 15 + 15 = 60，這必須等於所有的數字相加再加上額外的 3 個 c。

從等式 3c + 45 = 60 中，我們知道 c 一定是 5。我們也可以知道其他事實，像是 1 不能放在角落的格子裡。蒐集一些線索後，我們很有機會能利用嘗試測驗的方法來完成這個方陣。請試試看吧！

我們當然希望用完全有系統的方法來建構魔術方陣。其中之一是由西蒙・德・拉・勞貝里（Simon de la Loubère）在十七世紀後期發現，他是法國派往暹羅王朝（Siam）的大使。勞貝里對於中國的數學深感興趣，他寫出一個方法來建構行、列皆為奇數的魔術方陣。這個方法是從在第一列的中央放置 1 開始，然後「往右上，若有必要則輪轉」來放置 2，並以此方法放置後續的數字。如果右上已經有數字，就把下個數字填在目前這個數字的下方。

值得注意的是，這個標準魔術方陣本質上是三行、三列方陣的唯一方陣。其他的 3×3 魔術方陣，都可以經由將這個方陣的數字繞著中央輪轉，以及（或者）將中間行和中間列的數字做反射對換來獲得。這個方陣被稱為「洛書」（Lo Shu）方陣（亦稱為九宮圖），在西元前 3000 年左右的中國廣為人知。傳說中，這個方陣首次是出現在洛河裡的一隻烏龜背上。當地人將此視為神的旨意，告知人們要增加供品才能免去瘟疫之災。

8	1	6
3	5	7
4	9	2

用暹羅方法解出的
3×3 方陣

如果 3×3 的魔術方陣只有一種，那麼不同的 4×4 魔術方陣有幾種呢？令人吃驚的答案是，共有 880 種不同的魔術方陣（準備接招了嗎？5 階的魔術方陣可是有 2202441792 種呢！）。至於一般的 n 階魔術方陣，我們就無從得知有多少種。

杜勒方陣與富蘭克林方陣

九宮圖（Lo Shu Magic Square，又稱洛書方陣）因為它的年代與獨特性而舉世聞名，但有個 4×4 的魔術方陣，則因為它與知名藝術家之間的關聯而變得有代表性。它也比組成 880 種不同版本的普通魔術方陣具有更多性質。這是在阿爾布雷希特・杜勒（Albrecht Dürer）的版畫作品「憂鬱（Melancholia）」裡的 4×4 方陣，他在 1514 年完成這幅畫作。

52	61	4	13	20	29	36	45
14	3	62	51	46	35	30	19
53	60	5	12	21	28	37	44
11	6	59	54	43	38	27	22
55	58	7	10	23	26	39	42
9	8	57	56	41	40	25	24
50	63	2	15	18	31	34	47
16	1	64	49	48	33	32	17

在杜勒的畫裡，所有列的數字和都是 34，行的數字和、對角線的數字和，以及組成這完整 4×4 方陣的 2×2 小方陣的數字和也都是 34。杜勒甚至想辦法在他的大作裡「簽名」，他在最底下一列的中間填上完成的日期（1514）。

美國的科學家暨外交官班傑明 · 富蘭克林（Benjamin Franklin）領會到，建構魔術方陣對於磨礪心智是種十分有用的工具。他對這件事相當在行，時至今日，數學家們還不太清楚他是如何做到的：大的魔術方陣不可能是意外發現的。富蘭克林坦承，他年輕時浪費了許多時間在這些魔術方陣上面，不過他在孩提時並沒有對「算數」著迷。這裡有一個在他在年少時發現的方陣。

在這標準的魔術方陣中，存在著各式各樣的對稱性。所有的行、列和對角相加都等於 260，「彎曲列」（左圖中我們用灰色標出的列）也是一樣。等待發現的事情還有許多，像是中央 2×2 方陣的總和加上四個角落的數字也等於 260。仔細瞧瞧，你將會發現每一個 2×2 方陣都有個有趣的結果。

平方的方陣

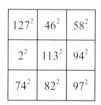

127^2	46^2	58^2
2^2	113^2	94^2
74^2	82^2	97^2

有些魔術方陣的各個格子是由不同的平方數所占據。建構這些方陣的問題，是由法國的數學家愛德華 · 盧卡斯（Edouard Lucas）在 1876 年提出。到目前為止，還沒有發現任何 3×3 的平方方陣，不過有一個已經相當接近。

在這個方陣中，所有的行與列以及一條對角線的數字和都是 21609，但是另一條對角線卻無法滿足條件，因為它的和是 $127^2 + 113^2 + 97^2 = 38307$。如果你試著想自己來找出一個，你應該好好地記下這個已經證明的結果：中央格子的值必須大於 $2.5×10^{25}$，所以尋找一個小數字的方陣是沒有用的！這是跟橢圓曲線有關的嚴肅數學，用於證明費馬最後定理的主題。此外還有一點得到證明，沒有一個 3×3 的魔術方陣是由立方或四次方構成。

然而，在較大的方陣中已經成功找到平方方陣。4×4 和 5×5 的魔術平方方陣確實存在。歐拉在 1770 年提出一個例子，卻沒有顯示建構的方法為何。後來發現，魔術方陣的整個家族都跟四元數代數（四維虛數）的研究有關。

奇異的魔術方陣

大的魔術方陣可能具有驚人的性質。魔術方陣專家威廉 · 賓森（William Benson）製作了一個 32×32 的陣列，這個方陣裡的數字、數字的平方，以及數

字的立方全都形成了魔術方陣。在2001年有個1024×1024的方陣被製作做出來，其中元素的次方從1到5都可以構成魔術方陣。其他還有許多像這樣的結果。

若是放寬要求，我們能創造出其他各式各樣的魔術方陣。標準魔術方陣是主流。但若除去對角線元素的總和必須等於行的總和與列的總和這個條件，就會開創出多得不得了的特殊結果。我們可以尋找組成元素只有質數的方陣，或者我們可以考慮不同於方形且其他具有「魔術性質」的形狀。若是往更高維度邁進，我們可由此考量魔術立方和超立方的方陣。

然而，最卓越魔術方陣的獎項（當然是關於奇特方面的價值），一定會頒發給荷蘭工程師暨語言大師里‧薩羅斯（Lee Sallows）提出的一個3×3極簡方陣：

5	22	18
28	15	2
12	8	25

這個方陣爲何如此地引人注目呢？首先，我們將數字寫成英文字：

five	twenty-two	eighteen
twenty-eight	fifteen	two
twelve	eight	twenty-five

然後計算組成各個單字的字母數：

4	9	8
11	7	3
6	5	10

值得注意的是，這個魔術方陣是由連續數字3、4、5、…、11組成。我們也發現，這兩個3×3方陣的魔術總和45（forty-five）與21（twenty-one）的字母數都是9，剛好是3×3＝9。

重點概念

數學的魔法

近年來，全世界掀起了一股數獨的風潮。各地都可以看到有人咬著筆，等待正確的靈感來臨，好讓他們在格子裡填上正確的數字。這是 4 還是 5 呢？或許是 9。通勤者在早上從電車裡走出來的時候，耗費掉的腦力可能比接下來一整天消耗的還多。以致於到了晚上，晚餐在爐子裡煮到燒焦。這是 5、4，也或許是 7？所有人都在玩拉丁方陣，他們現在全都成了數學家。

4		8		3				
		7						3
		9	7				2	6
3				1			7	9
			6	9	8			
1		5		2				6
	2	3				6	5	
6							1	
			5		2		8	

破解數獨

在數獨中，我們會看到 9×9 的方格，裡面有些小格子已經填入數字。我們的目標是將已知的數字當作線索，把剩下的格子填滿數字。每一列和每一行都應該剛好只包含一組 1、2、3、…、9，其中的 3×3 小方陣應該也是如此。

一般相信，數獨（sudoku，意思是單一的數）是在 1970 年代後期被發明。在 1980 年代，日本開始流行起數獨，而到了 2005 年，這股熱潮強烈地席捲全球。這種謎題的吸引力在於，不同於填字遊戲，你無需廣泛閱讀就能夠嘗試著做，然而就如同填字遊戲，他們可能會讓人欲罷不能。這兩種填空形式的上癮者，有著許多共同之處。

3×3 拉丁方陣

陣列的各行與各列都剛好只有一種符號，這種方陣就稱為拉丁方陣。符號的數量等於方陣的大小，我們稱之為「階」。我們能否將一個 3×3 的方格填滿，使得每一行與每一列都剛好只有一種符號 a、b 和 c 呢？如果可以，這就是一個三階的拉丁方陣。

大事紀

西元 1779	西元 1900	西元 1925
歐拉探討拉丁方陣的理論	泰利證明沒有六階的正交拉丁方陣。	費雪提出用拉丁方陣設計統計實驗。

李昂哈德・歐拉在介紹拉丁方陣的概念時，將它稱為「新型的魔術方陣」。然而，跟魔術方陣不同的是，拉丁方陣與算術無關，裡面的符號不一定是數字。稱為拉丁方陣的理由，單純是因為形成方陣所使用的符號取自於拉丁字母表，不過歐拉在其他方陣用的是希臘字母。

a	b	c
b	c	a
c	a	b

我們很容易就可以寫出一個 3×3 的拉丁方陣。

但是如果我們把 a、b 和 c 想成一週中的星期一、星期三與星期五，方陣就可以用來排定兩隊組員之間的會議。第一隊的組員有 **Larry**、**Mary** 和 **Nancy**，而第二隊的組員有 **Ross**、**Sophie** 和 **Tom**。

	R	**S**	**T**
L	a	b	c
M	b	c	a
N	c	a	b

舉例來說，第一隊的 **Mary** 跟第二隊的 **Tom** 在星期一有個會議（M 這一列與 T 這一行的交叉處 a = 星期一）。拉丁方陣的排列可以確保兩隊組員各自都能配對，而且會議的日期不會相衝突。

這不是唯一可能的 3×3 拉丁方陣。如果我們將 A、B 和 C 詮釋為第一隊與第二隊要開會討論的主題，我們可以產生一個拉丁方陣，確保每個人都可以跟另一隊的某個組員討論到不同的主題。

	R	**S**	**T**
L	A	B	C
M	C	A	B
N	B	C	A

因此，第一隊的 **Mary** 跟 **Ross** 討論主題 C，跟 **Sophie** 討論主題 A，並且跟 **Tom** 討論主題 B。

　　但是，討論應該安排在什麼時候、誰跟誰，以及討論什麼主題呢？這麼複雜的組合該如何安排時間表呢？幸運的是，我們可以把符號放在一起將兩個拉丁方陣結合，以此產生複合的拉丁方陣，使得方陣中日期與主題的九種可能配對，各自都剛好只出現在一個位置。

	R	S	T
L	*a, A*	*b, B*	*c, C*
M	*b, C*	*c, A*	*a, B*
N	*c, B*	*a, C*	*b, A*

　　關於方陣的另一種說明是歷史上的「9 個軍官問題」，問題中有 9 個軍官隸屬於 3 個軍團 *a*、*b* 和 *c*，並屬於 3 種軍階 *A*、*B* 和 *C*。他們在閱兵場上排隊，要排成每一行與每一列都內含各軍團與各軍階的一個軍官。以這種方式組合的拉丁方陣，被稱為正交方陣。3×3 的例子相當簡單明了，但對於某些較大的方陣，要找到一對正交拉丁方陣就不是那麼簡單。這點是歐拉的發現。

　　在 4×4 拉丁方陣的例子中，有個「16 個軍官問題」，是要把一副撲克牌裡的 16 張花牌排進一個方陣，排列的方法是每行與每列都要有一組點數〔王牌（Ace）、國王（K）、皇后（Q）或王子（J）〕和一組花色（黑桃、梅花、紅心或方塊）。歐拉在 1782 年提出相同的「36 個軍官問題」。本質上，他是在尋找六階的兩個正交方陣。他找不到這種方陣，並且猜想沒有 6、10、14、18、22……階的成對正交方陣。然而可以證明嗎？

　　後來出現了一位在阿爾及利亞（Algeria）擔任公務員的業餘數學家加斯頓・泰利（Gaston Tarry）。他徹底檢查多種例子，到了 1900 年，他證實歐拉猜想的一種情況：沒有六階的成對正交拉丁方陣。數學家們自然地假設其他的情況也都正確，也就是沒有 10、14、18、22……階的成對正交方陣。

　　在 1960 年，三位數學家通力合作的結果震驚了數學界，他們證明歐拉的其他例子全都是錯的。拉傑・玻斯（Raj Bose）、歐尼斯特・帕克（Ernest Parker）和薩拉度德拉・西里克漢特（Sharadchandra Shrikhande）證明，確實有 10、14、18、22……階的成對正交拉丁方陣。唯一不存在的例子（除去不重要的 1 階和 2 階）是六階。

　　我們已經知道有兩個互相正交的三階拉丁方陣。就四階來看，我們可以產生三個彼此互相正交的方陣。已經有證明得出，n 階的拉丁方陣絕對不會有超過 n−1 個互相正交的拉丁方陣。舉例來說，若 n = 10，最多會有 9 個互相正交的

方陣。然而，要把這些方陣都找出來，完全是另一回事。時至今日，在十階的拉丁方陣中，就連要產生三個互相正交的方陣都沒人能夠做到。

拉丁方陣有用嗎？

知名的統計學家羅納德 · 費雪發現拉丁方陣的實際用途。當他在英國赫特福德郡（Hertfordshire）的羅森斯得農業研究站（Rothamsted Research Station）工作時，他用拉丁方陣來改革農業方法。

費雪的目的是研究肥料對於農作物產量的有效性。理想中，我們希望把農作物種植在條件完全相同的土壤裡，這樣土壤品質才不會成爲影響農作物產量的多餘因素。然後我們就可以在知道「麻煩」的土壤品質已經被排除的情況下，安全地施用不同的肥料。確保土壤條件完全相同的唯一方法是利用相同的土壤，但不斷地翻土和重新栽種農作物相當不切實際。即便可行，不同的氣候條件也可能成爲新的麻煩。

關於這點，有個方法就是利用拉丁方陣。讓我們來看看四種不同肥料的測試。如果我們將一塊農地劃分成 16 小塊，我們可以設想用拉丁方陣來描述這塊農地，其中的土壤品質呈「垂直」與「水平」分布。

接著將準備施用的肥料標上 a、b、c、d 計劃隨機施用，在各行與各列都剛好只施用一種，以此排除土壤品質的變異。如果懷疑有其他的因素可能影響農作物產量，我們也可以用相同的方式處理。假定一天當中的施肥時間也是影響因素，我們就把一天的時間標成 A、B、C、D 四個時區，利用正交拉丁方陣來設計蒐集資料的計劃。這樣可以確保各種肥料和各個時區都會施用在小塊農地之一。實驗的設計像是這樣：

a, 時間 A	b, 時間 B	c, 時間 C	d, 時間 D
b, 時間 C	a, 時間 D	d, 時間 A	c, 時間 B
c, 時間 D	d, 時間 C	a, 時間 B	b, 時間 A
d, 時間 B	c, 時間 A	b, 時間 D	a, 時間 C

藉由繼續創造更複雜的拉丁方陣設計，可以將更多的其他因素排除。歐拉可能作夢都沒想到，他的軍官問題解答會被應用在農業的實驗上。

重點概念
揭開數獨的秘密

44 金錢數學

一提到自行車，諾曼可說是個超級業務。他也將每個人都擁有一台自行車視為自己的職責，因此當有顧客上門、毫不猶豫地買下一台 99 英鎊的自行車時，他雀躍不已。這位客人用一張 150 英鎊的支票付款，因為那時銀行已經關門，所以諾曼請鄰居幫他兌現。他回來將 51 英鎊的零錢找給客人，這個人飛快地騎上車子離開。但不幸的事發生了，這張支票跳票，鄰居想跟諾曼要回他的錢，而諾曼必須去跟一個朋友借錢。如果自行車原來的成本價是 79 英鎊，諾曼總共損失了多少錢呢？

這個小謎題的概念，是由偉大的猜謎達人亨利‧杜登尼（Henry Dudeney）所提出。這是金錢數學的一種，但更精確的說是跟金錢有關的謎題。它還讓我們看到金錢跟時間是多麼具相關性，以及通貨膨脹的持續盛行。杜登尼在 1920 年代寫出這個自行車問題時，顧客實際要付的金額是 15 英鎊。至於對抗通貨膨脹，有個方法是透過利息。這點既屬於嚴肅的數學，也是現代金融市場的要素。

複利

利息有兩種，分別是單利和複利。我們現在從兩個兄弟的故事來聚焦這個數學問題，主角的名字叫做複查利（Compound Charlie，Compound 為複利中的「複」）與單西蒙（Simple Simon，Simple 為單利中的「單」）。他們的父親分別給了他們 1000 英鎊，兩個人都把錢存在銀行。複查利總是選擇用複利計算的帳戶，然而單西蒙比較傳統，他偏好使用單利計算的帳戶。在過去，複利被認為跟高利貸有關而讓人嗤之以鼻。但時至今日，複利已經是生活的一部分，更是現代貨幣系統的核心。複利是在利息上增加利息，這就是查利為什麼喜歡複利的原因。

單利沒有這個特性，計算的方法僅根據名為「本金」的一筆金額。西蒙很容

大事紀

西元前 3000	西元 1494
巴比倫人使用六十進位制數字系統進行金融交易	盧卡‧帕西奧利發表財務表和複式簿記的記帳法

易就了解這個意思，因為本金每一年都會得到相同的利息。

只要一談到數學，把阿爾伯特・愛因斯坦請出來準沒錯，但他大力主張的「複利是最偉大的發現」實在太過牽強。然而不可否認的是，複利的公式比他的 $E = mc^2$ 更加直接。如果你存錢、借錢、使用信用卡、抵押貸款或購買年金，複利公式就是在背後為你做事（或不利於你）的要角。這些符號各代表什麼呢？P 項指的是本金（你存或借的金額），i 是百分利率除以 100，而 n 則是週期數字。

$$A = P \times (1 + i)^n$$
複利公式

查利將他的 1000 英鎊存在每年有 7% 利息的帳戶。三年後會增值多少呢？此處的 $P = 1000$、$i = 0.07$，而 $n = 3$。符號 A 代表增值後的總額，根據這個複利公式，我們得到 $A = 1225.04$ 英鎊。

西蒙的帳戶有相同的利率（7%），不過這是單利。三年後他會得到多少錢呢？第一年他獲得 70 英鎊的利息，第二年和第三年的利息也都相同。因此，他會有 3×70 英鎊的利息，最後的總額增值為 1210 英鎊。相較之下，查利的投資是比較好的生意選擇。

若以複利計算，總金額會增長得非常快速。如果是存錢那就很棒，但如果是借錢，那就不是件好事。複利的關鍵要素是計算複利的週期。查利聽說有個方案是每週支付 1%，也就是每一英鎊有一便士的利息。這個方案會讓他獲利多少呢？

西蒙認為自己知道答案：他建議我們將利率 1% 乘上 52（一年的週數），就可以得到年利率 52%。意思是一年會有 520 英鎊的利息，而最後的總金額變成 1520 英鎊。不過查利提醒他複利的神奇之處以及複利的公式。代入 $P = 1000$、$i = 0.01$ 且 $n = 52$，查利計算出金額會增值到 $1000 \times (1.01)^{52}$ 英鎊。他用計算機算出的結果是 1677.69 英鎊，比單西蒙的結果要多上許多。查利的年利率等同於 67.769%，也比西蒙計算的 52% 高上許多。

西蒙對此印象深刻，但他的錢已經存在銀行，以單利制度計算。現在他想知道，原來的 1000 英鎊要花多久的時間變成兩倍？他每年獲得的利息是 70 英鎊，因此他要做的只有將 1000 除以 70。得到的答案是 14.29，因此他可以確定在 15

西元 **1718**

亞伯拉罕・棣・美弗研究死亡率統計學和年金理論的基礎

西元 **1756**

詹姆斯・道森（James Dodson）出版《保險入門》（*First Lectures on Insurances*）

西元 **1848**

精算師協會（Institute of Actuaries）在倫敦成立

年後，銀行裡的錢會超過 2000 英鎊。這得等上好長一段時間。為了讓西蒙看到複利的優勢，查利開始計算自己的加倍週期。這有點複雜，不過有個朋友告訴他七二法則。

七二法則

七二法則是種對於特定的百分率，估計金額加倍所需週期數的經驗法則。雖然查利感興趣是的幾年，但七二法則也可以應用到日或月。若想找出加倍的週期，查利只需要將 72 除以利率。計算過程為 $\frac{72}{7} = 10.3$，因此查利可以跟他的弟弟說，他的投資經過 11 年就可以加倍，比西蒙的 15 年早很多。法則只能計算近似值，但需要快速做出決定時就很有用。

現值

複查利的爸爸對他兒子的良好判斷力刮目相看，因此把他叫到一旁對他說：「我打算給你 100000 英鎊。」查利非常興奮。接著他父親補上一個條件：只有到他 45 歲才會把 100000 英鎊給他，但接下來的這十年都不會再給他錢。現在查利不是那麼開心了。

查利希望現在就能花這筆錢，但顯然沒有辦法。他去銀行向他們承諾，自己在十年後會有 100000 英鎊。銀行回應說，時間就是金錢，十年後的 100000 英鎊跟現在的 100000 英鎊並不相同。銀行必須估計現在要投資多少錢，才會在十年後獲利 100000 英鎊。而這個數字，將會成為他們貸款給查利的金額。銀行相信，12% 的增長率會讓他們得到合理的利潤。若以 12% 的利息計算，現在總共要多少錢，才能在十年後增長到 100000 英鎊呢？我們也可以用複利公式來解決這個問題。這次我們有的是 $A = 100000$ 英鎊，需要計算的是 P，也就是 A 的現值。帶入 $n = 10$ 和 $i = 0.12$，銀行要準備預付給查利的總額是 $\frac{100000}{1.12^{10}} = 32197.32$ 英鎊。查利對於這麼小的數字感到驚訝，不過他還是買得起新的保時捷。

定期支付該如何操作

現在，查利的爸爸已經承諾要在十年後給他的兒子 100000 英鎊，所以他必須開始存這筆錢。他的計劃是在接下來的十年，每年一到年底就在戶頭裡存入一筆相等的款項。到了第十年的年底，他就能夠在他承諾的時刻把這筆錢交給查利。

查利的爸爸設法找到一個可以讓他這麼做的帳戶，這個帳戶在整個十年間的年利率都是 8%。他給查利的任務是計算出年支付額。在複利公式中，查利關心

的是單一個支付額（原始的本金），但現在他要考慮的是在不同時間的十個支付額。如果每年年底的定期支付額 R 是在利率爲 i 的情況下支付，那 n 年後的存款總額可以用定期支付公式來計算。

$$S = R \times \frac{((1+i)^n - 1)}{i}$$

定期支付公式

查利知道 $S = 100000$ 英鎊、$n = 10$ 且 $i = 0.08$，所以他計算出 $R = 6902.95$ 英鎊。

承蒙銀行的幫助，現在的查利擁有一輛全新的保時捷，但他還需要一個車庫來停放愛車。於是他決定用抵押貸款 300000 英鎊來買間房子，而他想用連續 25 年的相等年支付額來還銀行這筆錢。他把這個問題想成是現值爲 300000 英鎊的連續支付額問題，因此很輕鬆就計算出他的年支付額。他的爸爸對此相當讚嘆，並想進一步借用他的高超本領。他最近才剛領到總額爲 150000 英鎊的退休金，想爲自己買一份年金保險。「沒問題！」查利說「我們可以用相同的公式，因爲這兩件事在數學上是一樣的。只不過是把貸款公司預付金額給我，然後我按時定期償還，換成你先付給他們一筆錢，然後他們再給你定期支付額。」

順道一提，亨利 · 杜登尼的謎題答案是 130 英鎊，其中的 51 英鎊是諾曼找給客人的，而 79 英鎊則是他買自行車的成本。

重點概念
複利的成效最佳

45 飲食問題

譚雅‧史密斯相當認真地看待她的運動生涯。她每天上健身房，並且嚴格地監控自己的飲食。譚雅是以兼職工作為生，所以必須相當注意錢的去向。若要保持良好體態與健康，每個月攝取定量的礦物質與維他命十分重要。而這些分量是由她的教練決定。教練建議，未來的奧運冠軍每個月至少應該攝取 120 毫克（mg）的維他命和 880 毫克（mg）的礦物質。為了確保自己遵循這個飲食規則，譚雅會服用兩種保健食品。一種是固體的形式，商品名稱叫沙樂德〔Solido，近似固體（solid）一字〕，另一種則是液體形式，市售名稱為立奎斯〔Liquex，近似液體（liquid）一字〕。她的問題在於，這兩種保健食品每個月應該各買多少分量，才能夠滿足教練對她的要求。

經典的飲食問題，是組織健康的飲食並為此付出最少的費用。這是線性規劃問題的原型，這個主題在 1940 年代發展，到現在已有了廣泛的應用。

	沙樂德	立奎斯	需要量
維他命	2 mg	3 mg	120 mg
礦物質	10 mg	50 mg	880 mg

三月初，譚雅去了趟超市購買沙樂德與立奎斯。她在沙樂德的包裝背面看到成分內含 2 毫克維他命與 10 毫克礦物質，而一紙盒的立奎斯則含有 3 毫克維他命與 50 毫克礦物質。她盡責地在推車裡放滿了 30 包沙樂德與 5 盒立奎斯，好讓她這個月能繼續維持下去。在她準備結帳的時候，她想先知道是否已買了足夠的量。

首先，她計算現在的推車裡有多少維他命。在 30 包沙樂德中，她共有 $2 \times 30 = 60$ 毫克的維他命，而在 5 盒立奎斯中則有 $3 \times 5 = 15$ 毫克。加總之後，共有 $2 \times 30 + 3 \times 5 = 75$ 毫克的維他命。以相同的方式計算礦物質，總共有 $10 \times 30 + 50 \times 5 = 550$ 毫克的礦物質。

大事紀

西元 1826	西元 1902	西元 1945
傅利葉（Fourier）預先提出線性規劃；高斯藉由高斯消去法解決線性方程式	法卡思（Farkas）得出不等式系統的解	斯蒂格勒（Stigler）藉由啓發式的方法解決飲食問題

　　因為教練要求她至少得攝取 120 毫克維他命與 880 毫克礦物質，所以她需要往推車裡放更多的沙樂德與立奎斯。譚雅的問題是：如何更改沙樂德與立奎斯的數量，才能滿足維他命與礦物質的需求。她回到超市的健康區，把更多的沙樂德與立奎斯放入推車。現在，她有 40 包沙樂德與 15 盒立奎斯。現在確定沒問題了嗎？她重新計算，發現自己有 2×40 + 3×15 = 125 毫克維他命以及 10×40 + 50×15 = 1150 毫克礦物質。譚雅這時的確滿足了教練的建議，甚至超過了需求量。

可行解

　　(40, 15) 的保健食品組合，能讓譚雅滿足她的飲食需求，這被稱為可能的組合，或「可行」的解。我們已經知道 (30, 5) 是個不可行的解，因此這兩種類型的組合之間有個區別：可行解是滿足飲食需求，不可行解是不滿足飲食需求。

　　譚雅有更多種選擇。她可以在推車裡只放沙樂德。如果她這麼做，那麼她至少需要買 88 包。購買 (88, 0) 才能滿足兩種需求，因為這樣的組合內含 2×88 + 3×0 = 176 毫克維他命以及 10×88 + 50×0 = 880 毫克礦物質。如果她只買立奎斯，她至少需要買 40 盒，可行解 (0, 40) 滿足維他命和礦物質的需求，因為有 2×0 + 3×40 = 120 毫克維他命以及 10×0 + 50×40 = 2000 毫克礦物質。我們注意到，任何一種可能的組合，都沒有剛好符合維他命和礦物質的攝取量，雖然教練一定會滿意譚雅攝取了足夠的量。

最佳解

　　現在要把錢的因素考慮進來。當譚雅到收銀台時，她必須付錢買這些東西。她注意到，每包沙樂德與每盒立奎斯都一樣是 5 英鎊。到目前為止，我們找到的可行解有 (40, 15)、(88, 0) 和 (0, 40)，金額分別是 275、440 和 200 英鎊，因此目前為止的最佳解是買 40 盒立奎斯但是不買沙樂德。

　　這樣的花費最少，也能夠達到飲食需求。但是買多少保健食品，只能靠運氣。譚雅心血來潮，想試試各種不同的沙樂德與立奎斯組合，並且計算不同的情況各要花多少錢。她能做得更好嗎？是否有一種沙樂德與立奎斯的組合會滿足教練的要求，同時也讓花費最少呢？她想要做的是，回家拿出紙筆來分析這個問

題。

線性規劃問題

　　譚雅受到的訓練向來都是要將目標具像化。如果她可以將這點應用在奧運上，爲什麼不能應用到數學呢？因此，她畫了一張可行區域的圖。這是有可能的，因爲她只考慮兩種食品。線段 AD 代表沙樂得與立奎斯的組合剛好有 120 毫克的維他命，而在這條線上方的組合則含有 120 毫克以上的維他命。線段 EC 代表剛好含有礦物質 880 毫克的組合。同時位於這兩條線上方的食品組合，就是可行區域，代表譚雅可以購買的所有可行組合。

　　具有飲食問題這種架構的問題，被稱爲線性規劃問題。「規劃（programming）」一詞意味著程序，而「線性」一詞指的是使用直線。若要用線性規劃解決譚雅的問題，數學家已經告訴我們，需要做的只有解出譚雅圖中端

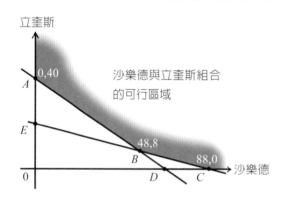

點的食品金額大小。譚雅在 B 點發現一個新的可行解，座標爲 (48, 8)，這表示她可以買 48 包沙樂德與 8 盒立奎斯。如果她這麼做，就會剛好滿足她的飲食需求，因爲這種組合有 120 毫克維他命和 880 毫克礦物質。由於兩種的單價都是 5 英鎊，所以這種組合的花費是 280 英鎊。因此，最佳的購買方式還是維持先前那樣，也就是她應該買 40 盒立奎斯但完全不要買沙樂德，總共的花費是 200 英鎊，雖然這樣礦物質會比所需的 880 毫克多出 1120 毫克。

　　最佳組合終究是仰賴保健食品的相對價格。如果每包沙樂德的價格降到 2 英鎊，而每盒立奎斯的價格漲到 7 英鎊，那麼端點組合 A(0, 40)、B(48, 8) 和 C(88, 0) 的費用分別是 280、152 和 176 英鎊。

　　對於譚雅而言，這種金額的最佳購買方式爲 48 包沙樂德與 8 盒立奎斯，金額是 152 英鎊。

歷史

　　在 1947 年，當時正爲美國空軍工作的美國數學家喬治‧丹齊格（George Dantzig）將一種名爲單形法（simplex method）的方法公式化，以此解決線性規劃問題。這個方法獲得巨大的成功，使得丹齊格聞名於西方國家，被譽爲線性規劃之父。蘇聯（Soviet Russia，於冷戰期間瓦解）的列奧尼德‧康托羅維奇

（Leonid Kantorovich）獨自將線性規劃的理論公式化。在 1975 年，康托羅維奇與荷蘭數學家狄賈林 · 庫普曼斯（Tjalling Koopmans）因為資產分配的研究（其中包括線性規劃技術），獲得諾貝爾經濟學獎。

譚雅只考慮兩種食品（兩個變項），但現今涉及上千種變項的問題已經是司空見慣。當丹齊格找出他的方法時電腦還未普及，不過那時有一個數學表格計畫（Mathematical Tables Project）——1938 年始於紐約的創造就業機會十年方案。有一組十人左右的人力計算者花了 12 天的時間，用手計算出九種「維他命」需求和 77 個變項的飲食問題解答。

儘管單形法及其變化版本相當成功，但還是有人在嘗試其他方法。在 1984 年，印度數學家納倫德拉 · 卡馬卡（Narendra Karmarkar）導出有實際意義的新演算法，而俄國的列奧尼德 · 卡其央（Leonid Khachiyan）提出重要性理論之一。

基本的線性規劃模式已經被應用到選擇飲食之外的許多情況。有種問題類型是運輸問題，研究的是貨品從工廠運輸到倉庫。這種問題有其特殊結構，目前已經成為獨立的領域。這種案例的目標，是將運輸的費用降至最低（最小化）。另外在某些線性規劃的問題中，目標則是要最大化（像是獲得最高的利潤）。其他有些問題的變項只取整數或只有 0 和 1 兩個值，然而這些問題都各不相同，需要屬於自己的求解過程。

譚雅 · 史密斯是否會贏得奧運金牌，現在還無從知曉。如果她得到金牌，將會是線性規劃的另一種勝利。

重點概念
以最少花費保持健康

46 出差問題

詹姆斯‧庫克是 Electra 公司的超級業務員，這是間地毯吸塵器的製造商，總部位在美國北達科達州（North Dakota）的俾斯麥（Bismarck）。他已經連續三年獲得年度最佳銷售員，由此可以證明他的能力。他的業務範圍遍及阿布奎基（Albuquerque）、芝加哥（Chigaco）、達拉斯（Dallas）和艾爾帕索（El Paso），每個月要周遊一趟並造訪每個城市。他面對的問題是，如何安排行程並同時讓旅行的總里程數最短。這就是經典的出差問題。

詹姆斯簡單地做了個表格，標出各個城市之間的距離。例如，俾斯麥和達拉斯之間的距離是 1020 英里，你可以在俾斯麥那一欄和達拉斯那一列的交叉處（灰色標示）看到。

貪婪法

作為一個講究實際的人，詹姆斯‧庫克先將業務範圍的草圖畫出來，這張圖不必十分精確，只要能讓他大概知道各個城市位在哪裡以及城市間的距離為何。他常走的一條路線是從俾斯麥開始，途經芝加哥、阿布奎基、達拉斯，然後是艾爾帕索，接著就返回俾斯麥。這是條 BCADEB

阿布奎基（A）				
883	俾斯麥（B）			
1138	706	芝加哥（C）		
580	1020	785	達拉斯（D）	
236	1100	1256	589	艾爾帕索（E）

路線，而他意識到這趟旅程共有 4113 英里，就出差而言花費相當昂貴。他有更好的選擇嗎？

大事紀

　　計畫出差時，並不是詹姆斯沒有心情做詳細策劃，而是他想要的就只有到達目的地，然後進行銷售。

　　他在俾斯麥的辦公室裡看著地圖，發現到最近的城市是芝加哥，距離俾斯麥 706 英里遠，相較之下俾斯麥跟阿布奎基的距離是 883 英里、與達拉斯的距離是 1020 英里，而與艾爾帕索的距離則是 1100 英里。他沒做完整個規畫，就立即決定從前往芝加哥開始。當他抵達芝加哥並完成那裡的業務時，他就尋找最近的城市準備前往。他選擇達拉斯而不是阿布奎基和艾爾帕索，因爲目前距離芝加哥 785 英里，比其他的任一個選項都近。

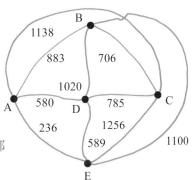

　　當一抵達達拉斯的時候，他已經累計了 706 + 785 英里。接下來，他必須選擇阿布奎基，因爲距離比較近。而在阿布奎基之後，他必須前往艾爾帕索，這樣他就造訪過所有城市，完成他的工作，可以返回俾斯麥了。總里程數是 706 + 785 + 580 + 236 + 1100 = 3407 英里。這條 BCDAEB 的路線比他先前的路線短了許多，如此也減少了一些碳排放量。

　　這種思考方式，通常被稱爲尋找短路線的貪婪法。因爲詹姆斯的決定永遠都是局部的：他在特定的城市，尋找最佳的路線離開這個城市。這樣的思考方式，絕對不會試圖在同時思考下一步之外的選項。這不是最具戰略的方法，因爲他沒有通盤考量最佳的路線爲何。最終結束於艾爾帕索這件事，意味著他被迫要走一段漫長的旅程才能回到俾斯麥。因此，雖然他找到了較短的路徑，但這條路徑真的是最短的嗎？詹姆斯對此相當好奇。

　　詹姆斯發現，自己可以好好利用全程只有五個城市這件事。因爲涵蓋的城市不多，所以有機會將全部可能的路線列出來，然後從中選擇最短的一條。這五個城市，總共只有 24 條路線要檢查，或是我們把正、反路線當成同一條，那就只要檢查 12 條路線。而實際上當然可以這麼做，因爲正反向的總

阿布奎基（A）				
12（陸）	俾斯麥（B）			
6（空）	2（空）	芝加哥（C）		
2（空）	4（空）	3（空）	達拉斯（D）	
4（陸）	3（空）	5（空）	1（空）	艾爾帕索（E）

西元 **1954**
丹齊格與戴克斯特拉（Dijkstra）提出方法來著手解決出差問題

西元 **1971**
庫克（Cook）將 P vs. NP 的概念公式化來演算

西元 **2004**
大衛・艾伯蓋特（David Applegate）解決瑞典的 24978 個城市的問題

里程數相同。這個方法對詹姆斯・庫克很有幫助，他由此得知，路線 BAEDCB（或反向 BCDEAB）實際上是最佳路線，總共只有 3199 英里遠。

回到俾斯麥後，詹姆斯意識到他的出差耗費他太久的時間。他想要節省的不是距離，而是時間。他畫了張新的表格，列出在他的銷售區中，不同城市之間的出差時間。

當問題聚焦在里程數時，詹姆斯知道三角形的兩邊和永遠會大於第三邊，這種情況的圖被稱為歐幾里得圖，至於解決的方法也已經知道很多種。但是當問題跟時間有關的時候，情況就不一樣了。主要航線通常比次要航線飛得快，詹姆斯・庫克注意到，從艾爾帕索飛往芝加哥的時間，比途經達拉斯要來得快。所謂的三角不等式在此並不適用。

若在時間問題上應用貪婪法，得出路線 BCDEAB 的總時間是 22 小時。然而，兩個不同的最佳路線 BCADEB 和 BCDAEB 總時間都是 14 小時。至於這兩條路線的里程數，前者是 4113 英里，後者是 3407 英里。詹姆斯・庫克很開心地選擇了 BCDAEB 路線，因為這樣讓他節省最多。在未來的計畫中，他將會考慮花費最少的路徑。

從秒到世紀

當涉及的城市數量相當大的時候，跟出差問題有關的真正困難才會出現。因為詹姆斯・庫克是如此傑出的員工，所以在不久前升遷為業務督導。現在，他需要從俾斯麥出訪 13 個城市，而不是先前的 4 個城市。他對於使用貪婪法並不滿意，他比較希望能考慮完整的路線列表。他著手列出這 13 個城市的可能路線。很快地，他發現要檢查的路線有 3.1×10^9 條之多。換句話說，如果電腦印出一條路線要花一秒鐘的時間，那麼光是將所有的路線都印出來，就需要一個世紀左右。若是考慮的城市有 100 個，電腦為此就得跑上一千年的時間。

已經有某些精密的方法被應用到出差問題。也已有人提出確切的方法用於 5000 個以內的城市數量，其中有個方法甚至成功地處理 33810 個城市的特別問題，不過這種情況需要用到威力強大的電腦。另外有些非精確的方法，可以產生具有特定機率之理想範圍內的路線。這類型的方法，優點在於能夠處理上百萬個城市的問題。

計算複雜度

從電腦的觀點來看問題，我們只要思考花多少時間能找出問題的解答。列出所有可能的路線，是種最糟的情況。詹姆斯已經發現，用這強力的方法硬算出

13 個城市，需要花上將近一百年的時間來完成。如果我們再加入兩個城市，時間會增加到兩千年以上！

當然，這些估計數值取決於實際使用電腦的情形，但對於 n 個城市，所需的時間會隨 n 的階乘（將 1 到 n 的所有整數全部相乘所得到的數字）同步增加。我們計算出了 13 個城市有 3.1×10^9 條路線。決定各條路線是否為找得到的最短路線，變成了一個階乘時間的問題，這將會是段很長的時間。

還有其他的方法可以解決問題，在這些方法中，n 個城市所需的時間隨著 2^n（2 自己相乘 n 次）增加，因此 13 個城市會涉及 8192 次決定（十個城市的八倍）。具有這類複雜度的方法，被稱為指數時間演算法。「組合最佳化」的聖杯，是要找到一種不仰賴 2 的 n 次方，而是 n 的固定次方的演算法。次方越小越好，舉例來說，如果演算法根據 n^2 而變化，那麼在 13 個城市的例子中，總數就只有 169 個決定，只有十個城市所需時間的一倍多。具有這種「複雜度」的方法，可說是以時間多項式進行，用這種方法解決的問題是「快速問題」，可能只需要 3 分鐘，而不是幾個世紀。

能夠用電腦以時間多項式解決的問題種類，我們用符號 P 來代表。我們不知道旅行業務員的問題是否為其中之一。還沒有人提出用時間多項式演算法來解決它，但也沒有人能證明這樣的演算法並不存在。

我們用 NP 來代表更廣泛的種類，其中包含解決可以用時間多項式驗證的問題。出差問題肯定是其中之一，因為檢驗特定路線的距離是否比任何特定距離還短，可以用時間多項式來完成。你只要順著特定路線增加距離，然後將它與特定數字相比。「找到」和「驗證」是兩種不同的運算：例如，驗證 $167 \times 241 = 40247$ 相當簡單，但找到 40274 的因數就是不同的命題。

能以時間多項式驗證的每個問題，是否都能夠以時間多項式來解決呢？如果這是真的，那麼 P 和 NP 這兩類問題就完全相同，我們可以寫成 $P = NP$。P 是否等於 NP，是現今的電腦科學家亟欲解決的問題。一半以上的專家認為這不是真的，他們相信，總有些問題是可以用時間多項式來檢驗，但卻無法以多項式時間來解決。這是個如此重要的未解決問題，因此克雷數學研究所提供一百萬美元的獎金，希望有人能證明到底是 $P = NP$ 或是 $P \neq NP$。

重點概念

出差就是要找出最佳路線

47 賽局理論

有人說，約翰是世界上最聰明的人。約翰・馮・紐曼（John von Neumann）是個天才兒童，而後在數學界更成為一個傳奇。當人們聽說他在坐計程車前往開會的路上就草草寫出賽局理論中的「大中取小定理」時，他們只是點點頭。這確實是馮・紐曼會做的那一類事情。他對於量子力學、邏輯、代數都有貢獻，所以賽局理論怎麼可能逃得過他的眼睛？當然沒有，他與奧斯卡・摩根斯特恩（Oskar Morgenstern）合著了影響深遠的《賽局理論與經濟行為》（*Theory of Games and Economic Behavior*）。廣義來說，賽局理論是門古老的學科，但馮・紐曼是將「兩人零和賽局」理論變得鮮明的關鍵人物。

兩人零和賽局

雖然聽來複雜，但兩人零和賽局，簡單說就是兩個人、兩家公司或兩個團隊一起參加比賽，在這場賽局中有一方勝利而另一方失敗。如果 A 贏了 200 英鎊，那 B 就輸了 200 英鎊；這就是所謂零和的意義。A 跟 B 合作是沒有意義的，這是場單純的競賽，只有一方是贏家、另一方則是輸家。「雙贏」表達的是 A 贏得 200 英鎊而 B 贏得 –200 英鎊，總和是 200 + (–200) = 0。這就是「零和」這個名詞的由來。

我們可以想像有兩家電視公司 ATV 和 BTV 正在競標，希望能在蘇格蘭（Scotland）或英格蘭（England）經營另一家新聞通訊社。每家公司只能投標一個國家，他們會根據增加的觀眾數量來做決定。媒體分析師已經估計了觀眾的增加量，兩家公司都可以使用他們的研究資料。這些資料記載在「償付表」（payoff table）中以供參考，測量的單位是百萬觀眾。

如果 ATV 和 BTV 都決定在蘇格蘭經營，那麼 ATV 會得到五百萬觀眾，但

大事紀

西元 1713	西元 1944
詹姆斯・瓦德格拉夫（James Waldegrave）對於兩人賽局提出第一個數學解答	馮・紐曼和摩根斯特恩發表《賽局理論與經濟行為》

BTV 會失去五百萬觀眾。在此償付表中，負號的意思是 ATV 損失的觀眾，如償付 −3，代表 ATV 會失去三百萬觀眾。正償付對 ATV 有利，而負償付則是對 BTV 有利。

我們假設，公司會根據償付表做出一次性的決定，兩家公司皆以密封投標的方式同時競標。顯然，兩家公司都依據自己的最佳利益來行動。

		BTV	
		蘇格蘭	英格蘭
ATV	蘇格蘭	+5	−3
	英格蘭	+2	+4

如果 ATV 選擇蘇格蘭，可能發生的最糟情況是損失三百萬觀眾。如果他投標英格蘭，最糟的情況是獲得兩百萬觀眾。對於 ATV 公司而言，最明確的策略是選擇英格蘭（第二列）。這樣無論 BTV 做什麼選擇，最糟就是得到兩百萬的觀眾。就數字來看，ATV 得知 −3 和 2（列最小值），然後選擇對應這之中最大值的那一列。

BTV 的地位處於弱勢，但還是能找出一個限制潛在損失的策略，寄望在下一年可以有較佳的償付表。如果 BTV 選擇蘇格蘭（第一行），可能發生的最糟情況是損失五百萬觀眾；如果他選擇的是英格蘭，那麼最糟將會是損失四百萬觀眾。BTV 的安全策略是選擇英格蘭（第二行），這樣最多就只會損失四百萬、而不是五百萬觀眾。無論 ATV 的選擇為何，他都不可能失去四百萬以上的觀眾。

這些是對各個參賽者最安全的策略，如果依此行事，ATV 會得到額外的四百萬觀眾而 BTV 則是失去這些觀眾。

賽局何時決定？

下一年，兩家電視公司多了一個選項：可以在威爾斯（Wales）經營通訊社。由於環境有所改變，因此產生新的償付表。

美麗境界

2001 年上映的電影「美麗境界（A Beautiful Mind）」，是根據約翰・奈許（John F. Nash，1928 年生）混亂的一生改編而成，他在 1994 年因為賽局理論的貢獻而獲得諾貝爾經濟學獎。

奈許和其他人將賽局理論擴展至兩人以上的參賽者以及參賽者間出現合作的情況，包括聯合對付第三個參賽者。「奈許均衡」（像是鞍點均衡）提出比馮・紐曼所制訂的更廣泛許多的觀點，讓人們對於經濟情勢能有更好的理解。

西元 1950
塔克提出囚犯困境，而約翰・奈許提出奈許均衡

西元 1982
梅納德・史密斯（Maynard Smith）發表《演化與賽局理論》（*Evolution and the Theory of Games*）

西元 1994
奈許因為賽局理論的研究獲頒諾貝爾經濟學獎

誠如先前一般，ATV 的安全策略是選擇可能發生之最糟情況的最大值那一列，所以從 {+1, −1, −3} 之中選擇最大值的威爾斯（第一列）。BTV 的安全策略則是選擇 {+4, +5, +1} 的最小值那一行，也就是英格蘭（第三行）。

	BTV			
	威爾斯	蘇格蘭	英格蘭	列最小值
威爾斯	+5	+2	+1	+1
蘇格蘭	+4	−1	0	−1
英格蘭	−3	+5	−2	−3
行最大值	+4	+5	+1	

ATV 置於左側標示。

ATV 若選擇威爾斯（第一列），無論 BTV 的選擇為何，都可以保證贏得一百萬以上的觀眾；而 BTV 若選擇英格蘭（第三行），無論 ATV 的選擇為何，都可以保證不會失去一百萬以上的觀眾。因此，這些選擇對於各個公司都代表最佳策略，從這個意義上來說，賽局已經決定（但還是對 BTV 不公平）。在這場賽局中：

$$\{+1, -1, -3\} \text{ 的最大值} = \{+4, +5, +1\} \text{ 的最小值}$$

等式的兩邊有共同值 +1。不同於第一場賽局的是，這個版本有 +1 的「鞍點」均衡。

重複賽局

代表性的重複賽局是傳統的「剪刀、石頭、布」遊戲，不同於電視公司的一次性決定，這種賽局通常連續會玩個六次以上，或是在年度世界冠軍賽中玩上幾百次。

在「剪刀、石頭、布」中，兩個參賽者比出手掌、兩隻手指或拳頭，各自代表布、剪刀或石頭。他們在數到三時同時出手：布對上布是平手、對上剪刀就輸了（因為剪刀可以剪布），但是可以打敗石頭（因為布可以包石頭）。因此，出「布」的償付是 0、−1、+1，亦即下列完整償付表的第一列。

	布	剪刀	石頭	列最小值
布	平手 = 0	輸 = −1	贏 = +1	−1
剪刀	贏 = +1	平手 = 0	輸 = −1	−1
石頭	輸 = −1	贏 = +1	平手 = 0	−1
行最大值	+1	+1	+1	

這個遊戲沒有鞍點，也沒有明顯的單純策略可以採用。如果有個參賽者永遠都選擇同樣的動作，例如每次都出布，對手會察覺這點，然後只要出剪刀就能每次都贏。就馮‧紐曼的「大中取小定理」來說，有個「混合策略」或基於機率選擇不同行動的方法。

根據數學，參賽者應該隨機地選擇，但整體而言，剪刀、石頭、布的選擇應該各是 $\frac{1}{3}$。然而，「盲目」隨機或許並非永遠是最佳方案，像世界冠軍就有用一點「心理」方法來選擇自己的策略，他們很擅長猜測對手的想法。

賽局何時不是零和？

並不是每一場賽局都屬於零和，有時各參賽者會有自己獨立的償付表。一個著名的例子是阿爾伯特‧塔克（A. W. Tucker）設計的「囚犯困境」。

Andrew 和 Bertie 這兩個人因為涉嫌公路搶劫而被警察逮捕，他們被關在不同的牢房，所以彼此無法商量。償付表（這裡的情況是監獄服刑）仰賴的不只是兩個人分別對警察偵訊的反應，還包括他們如何共同回應。如果 A 認罪但 B 不認罪，那麼 A 只會被判一年的刑期（從 A 的償付表），然而 B 會被判刑十年（從 B 的償付表）。如果 A 不認罪但 B 認罪，被判的刑期就會反過來。如果兩個人都認罪，他們各自都會被判四年，但如果兩個人都不認罪並且堅持無罪，那他們都可以逍遙法外！

A		B	
		認罪	不認罪
A	認罪	+4	+0
	不認罪	+10	0

B		B	
		認罪	不認罪
A	認罪	+4	+10
	不認罪	+1	0

如果囚犯可以合作，他們會採取最佳的作戰方案：不認罪，而這將會是個「雙贏」的情況。

重點概念
雙贏數學

48 相對論

當一個物體移動時，它的運動是以相對於其他的物體來測量。如果我們沿著主要道路以時速 70 英里（mph，英里／小時）的速度開車，另一台車在旁邊同樣以時速 70 英里往相同的方向行駛，我們相對於這輛車子的速度是 0。然而，兩台車相對於地面的移動速度都是每小時 70 英里。此外，相對於在對向車道以時速 70 英里行駛的車輛，我們的速度是每小時 140 英里。相對論改變了這樣的思考方式。

相對論是由荷蘭的物理學家亨德里克 · 勞侖茲（Hendrik Lorentz）在十九世紀末提出，但決定性的進展則是由阿爾伯特 · 愛因斯坦在 1905 年達成。愛因斯坦那篇關於狹義相對論的著名論文，徹底改革了物體如何移動的研究，將牛頓的古典理論（在當時是相當偉大的成就）降級為特殊情況。

回到伽利略

若要描述相對論，我們可以聽聽大師本人的建議：愛因斯坦喜愛談論火車並思考實驗。在我們的例子中，吉姆 · 戴門坐在一班行駛速度為 60 mph 的火車裡，他從火車後方的座位以每小時 2 英里的速度往前朝餐車行走。相對於地面，他的速度是每小時 62 英里。在回到自己座位的路上，吉姆相對於地面的速度是每小時 58 英里，因為他走的方向跟火車的行駛方向相反。這是我們從牛頓定理所得知的。速度是相對的概念，吉姆的運動方向決定速度要相加還是相減。

因為所有的運動都是相對的，所以我們會談到「參考架構」這個觀點，以此來測量特定的運動。在火車沿著筆直軌道的一維運動中，我們可以想像火車站有個固定的參考架構，而距離 x 與時間 t 都是根據這個參考架構來定。零位是由月台上標記的一個點來決定，時間則是從車站的時鐘讀取。相對於這個車站的參考架構，距離－時間的座標是 (x, t)。

大事紀

西元約 1632	西元 1676	西元 1687
伽利略對於落體提出伽利略變換	羅默從觀察木星的衛星來計算光速	牛頓的《原理》（*Principia*）描述古典的運動定律

另外有個參考架構是在火車上。如果我們從火車尾測量距離，時間則是由吉姆的手錶讀取，就會有另一組座標（$\bar{x}$, $\bar{t}$）。這兩個座標系統也有可能同步。當火車經過月台上的記號時，那時 $x = 0$ 且車站時鐘是在 $t = 0$。如果將這一點設爲 $\bar{x} = 0$，並且將手錶撥到 $\bar{t} = 0$，現在這兩個座標之間就有關聯了。

在火車經過車站的同時，吉姆出發前往餐車。我們可以計算五分鐘後他離車站多遠。我們知道，火車是以每分鐘 1 英里的速度行駛，因此五分鐘後火車已經行駛了 5 英里，而吉姆則走了 $\bar{x} = \dfrac{10}{60}$ 英里（他的速度 2 mph 乘上時間 $\dfrac{5}{60}$）。所以吉姆離車站的總距離（x）是 $5\dfrac{10}{60}$ 英里。由此得出 x 和 $\bar{x}$ 之間的關係爲 $x = \bar{x} + v \times t$（此處的 $v = 60$）。移動等式兩側，可以得到吉姆相對於車站的參考架構所移動的距離，我們得到：

$$\bar{x} = x - v \times t$$

古典牛頓理論中的時間概念是一維的，從過去走向未來。這點舉世皆然，而且與空間無關。既然時間是一個絕對的量，吉姆在火車上的時間應該跟月台上的火車站站長相同，因此：

$$\bar{t} = t$$

這兩個關於 $\bar{x}$ 和 $\bar{t}$ 的公式（最先是由伽利略提出），被稱爲是「變換」的等式類型，因爲他們從一個參考架構的量變換到另一個參考架構。根據牛頓的古典理論，可以預期光速應該遵守關於 $\bar{x}$ 和 $\bar{t}$ 的伽利略變換。

到了十七世紀，人們認知到光有速度，而丹麥的天文學家奧勒・羅默（Ole Römer）在 1676 年測量出光的近似值。當阿爾伯特・邁克生（Albert Michelson）在 1881 年更準確地測量光速時，他發現光速是每秒 186300 英里（約 299821 公里）。除此之外，他開始察覺到光的傳播跟聲音的傳播相當不同。邁克生發現，不同於觀察者在移動火車上的速度，光束的方向跟光的速度完全沒有關係。

西元 1881	西元 1887	西元 1905	西元 1915
邁克生極為準確地測量光速	首次寫出勞侖茲變換	愛因斯坦發表「論運動物體的電動力學」（*On the electrodynamics of moving bodies*），這是篇描述狹義相對論的論文	愛因斯坦發表「重力場方程式組」（*The field equations for gravitation*）描述廣義相對論

$$\alpha = \frac{1}{\sqrt{1 - v^2/_{c^2}}}$$

勞侖茲因子

狹義相對論

勞侖茲提出數學等式，決定當一個參考架構相對於另一個以等速 v 移動時，距離與時間之間的關聯。這些變換跟我們已經理解的非常相似，不過它還涉及一個取決於 v 和光速 c 的勞侖茲因子。

進入愛因斯坦

愛因斯坦對於邁克生發現光速這件事情，是採用它作為一個公設：

對所有觀察者而言，光速都是等值，且與方向無關

如果吉姆 · 戴門坐在高速火車上經過車站時，輕輕打開手電筒，將光束照往火車前進的方向，他會測量到它的速度為 c。愛因斯坦的公設說道，站在月台上看的火車站站長也會將光束的速度測量為 c，而不是 $c + 60$mph。愛因斯坦也假設第二個原理：

一個參考架構以相對於另一個參考架構等速移動

愛因斯坦在 1905 年發表的那篇論文能夠如此卓越，部分原因是他處理研究的方法受數學的優雅所激勵。聲波是由介質分子的震動來傳導，所以聲音是透過這種方式被傳送。其他的物理學家已經假設，光也需要某種介質來傳導。沒有人知道這介質是什麼，但他們給它取了一個名字：「乙太」。

愛因斯坦覺得，沒有必要假設光的傳播需要有介質乙太的存在。他反而是從兩個簡單的相對論原理推演勞侖茲變換，而他的整個理論便由此展現。特別的是，他證明粒子的能量 E 是由等式 $E = \alpha \times mc^2$ 決定。對於靜止物體的能量（當 $v = 0$，則 $\alpha = 1$），由此可導出代表性的等式，顯示質量和能量是等價的：

$$E = mc^2$$

在 1912 年，勞侖茲和愛因斯坦都被提名參選諾貝爾獎。勞侖茲已經在 1902 年得過獎，但愛因斯坦一直到 1921 年才得獎，當時他終於得獎的原因是關於光電效應（他在 1905 年也曾發表過）的研究。對這位瑞士專利局的員工來說，這真是不尋常的一年。

愛因斯坦 vs 牛頓

對於在慢速移動的火車上觀察，愛因斯坦的相對論與古典牛頓理論之間只有相當微小的差異。在這些情況中，相對速度 v 相較於光速可說是極其微小，因此勞侖茲因子（α）的值幾乎是 1。既然如此，勞侖茲等式實際上就跟古典的伽利

略變換相同。因此對於慢的速度，愛因斯坦和牛頓的看法一致。速度和距離必須非常地大，這兩個理論間的差異才會顯而易見。就連時速破記錄的法國 TGV 高鐵都無法達到這樣的速度，因此在我們揚棄牛頓定理轉而支持愛因斯坦之前，還需要好長的一段時間來發展火車。然而太空旅行將會迫使我們贊同愛因斯坦。

廣義相對論

愛因斯坦在 1915 年發表他的廣義相對論。這個理論應用的是允許參考架構以相對於另一個參考架構的加速度運動，並且將加速度的效果與重力的效果相連。

愛因斯坦利用廣義相對論，預測這樣的物理現象：光束受大型物體（如太陽）的重力場影響而偏轉。他的理論也可以解釋水星自轉軸的運動。牛頓的重力理論和水星受其他行星施加的力，都無法充分地解釋這個歲差現象。這是從 1840 年代起就讓天文學家相當困擾的問題。

對於廣義相對論而言，適當的參考架構是四維時空。歐幾里得空間是平面的（曲率是 0），但愛因斯坦的四維時空幾何（或黎曼幾何）是彎曲的。它取代牛頓的重力，解釋物體為何彼此吸引。在愛因斯坦的廣義相對論中，正是用時空的彎曲來解釋這樣的吸引，愛因斯坦在 1915 年發起了另一場科學革命。

重點概念
光速是絕對的

49 費馬大定理

我們可以將兩個平方數加在一起，形成第三個平方數。例如 $5^2 + 12^2 = 13^2$。但我們能否將兩個立方數加在一起，形成另一個立方數呢？更高的次方又如何呢？值得注意的是，我們無法做到。費馬大定理提到，對於任意的四個整數 x、y、z 和 n，當 n 大於 2 時，這個等式 $x^n + y^n = z^n$ 無解。費馬聲稱他已經發現「絕妙證明」，這點強烈地吸引世世代代的數學家們追尋，其中還包括一個十歲大的男孩——他在當地的圖書館讀到這數學寶藏的尋寶歷程。

費馬大定理是關於丟番圖方程（不定方程），這是一種最具艱難挑戰的等式。這些等式要求他們的解必須是整數。他們是以亞歷山卓的丟番圖命名，他的著作《算術》成為數論的里程碑。皮埃爾・德・費馬是十七世紀在法國土魯斯（Toulouse）的一位律師和政府官員。作為一個多才多藝的數學家，他在數論方面享有極高的聲譽，而使他得以名留後世的是他關於最後定理的陳述，這是他對於數學的最終貢獻。費馬證明了這個定理，或說他認為自己已經證明，並且在丟番圖的《算術》這本書裡寫下『我已經發現真正的絕妙證明，但書的頁緣處太小而寫不下。』

費馬解決了許多重大的問題，但費馬大定理似乎並不在其中。這個定理讓眾多的數學家忙碌了三百多年，直到最近才得到證明。任何的頁緣處都寫不下這個證明，而且證明它還需要以現代技術來對費馬的主張產生極大的懷疑。

大事紀

西元 1665	西元 1753	西元 1825	西元 1839
費馬過世，沒有將他的「絕妙證明」留下記錄	歐拉證明 $n = 3$ 的情況	勒壤得和狄瑞克雷各自獨立地證明 $n = 5$ 的情況	拉梅證明 $n = 7$ 的情況

等式 $x + y = z$

我們該如何解出這個有三個變數 x、y 和 z 的等式呢？在一個等式中，我們通常都只有一個未知 x，但此處卻有三個。實際上，這反而讓等式 $x + y = z$ 變得相當容易解決。我們可以用任何想要的方式選擇 x 和 y 的值，把他們加在一起得到 z，然後得出這三個值的解答，就是這麼簡單。

舉例來說，如果我們選擇 $x = 3$ 且 $y = 7$，那麼 $x = 3$、$y = 7$ 和 $z = 10$ 這些值就是等式的解答。我們也能了解，有些 x、y 和 z 的值不是等式的解答。例如 $x = 3$、$y = 7$ 和 $z = 9$ 並不是解，因為這些數字無法讓等式左邊的 $x + y$ 等於等式右邊的 z。

等式 $x^2 + y^2 = z^2$

現在我們來想想平方數。數字的平方是指數字自己相乘，我們寫成 x^2。如果 $x = 3$，那麼 $x^2 = 3 \times 3 = 9$。現在思考的等式不是 $x + y = z$，而是：

$$x^2 + y^2 = z^2$$

我們能否像先前一樣，藉由選擇 x 和 y 的值並計算 z 值來解開這個等式呢？舉例來說，如果代入 $x = 3$ 和 $y = 7$，等式的左邊是 $3^2 + 7^2$，也就是 $9 + 49 = 58$。因此，z 就必須是 58 的平方根（$z = \sqrt{58}$），大約是 7.6158。我們當然有權利聲稱 $x = 3$、$y = 7$ 和 $z = \sqrt{58}$ 是 $x^2 + y^2 = z^2$ 的解，但遺憾的是，丟番圖方程主要關心的是整數解。既然 $\sqrt{58}$ 不是整數，那麼 $x = 3$、$y = 7$ 和 $z = \sqrt{58}$ 就不能算是解。

$x^2 + y^2 = z^2$ 跟三角形有關。如果 x、y 和 z 代表直角三角形的三邊邊長，他們就滿足這個等式。反過來說，如果 x、y 和 z 滿足這個等式，那麼 x 和 y 之間的夾角就是直角。因為跟畢氏定理有關，所以 x、y 和 z 的解被稱為畢氏三元數。

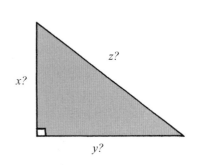

我們該如何找出畢氏三元數呢？這就是在地的建築者要援助的地方。建築者的部分裝備是無所不在的 3-4-5 三角形。$x = 3$、$y = 4$ 和 $z = 5$，這些值是我們在尋找的其中一種解，因為 $3^2 + 4^2 = 5^2$。

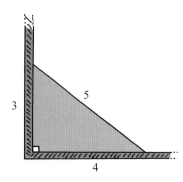

反過來看，邊長為 3、4 和 5 的三角形，一定有一個直角。這個數學事實，讓建築者得以用來築起直角的牆。

在這種情況下，我們可以將 3×3 的正方形拆開，將他們包在 4×4 的正方形外圍，以此做成 5×5 的正方形。

$x^2 + y^2 = z^2$ 還有其他的整數解。例如，$x = 5$、$y = 12$ 和 $z = 13$ 是另一組解，因為 $5^2 + 12^2 = 13^2$，事實上這個等式有無限多組解。建築者的解 $x = 3$、$y = 4$ 和 $z = 5$ 居於高位，因為這是其中最小的解，也是唯一由連續整數組成的解。另外有許多的解是兩個數字相連，例如 $x = 20$、$y = 21$ 和 $z = 29$，以及 $x = 9$、$y = 40$ 和 $z = 41$，但沒有其他組解是三個數字相連。

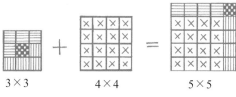

3×3　　4×4　　　5×5

從盛宴到飢荒

看來好像從 $x^2 + y^2 = z^2$ 到 $x^3 + y^3 = z^3$ 是小小的一步。既然如此，依循將一個正方形重組在另一個正方形外圍而形成第三個正方形的概念，能否讓我們把相同的伎倆成功地應用到立方體上呢？我們是否能將一個立方體重組在另一個立方體外圍來形成第三個立方體呢？結果證明是無法做到的。等式 $x^2 + y^2 = z^2$ 有無限組不同的解，但費馬在等式 $x^3 + y^3 = z^3$ 中，連一組整數解都找不到。更糟糕的還在後頭，李昂哈德 · 歐拉對於什麼都找不到的這件事，寫下這個最後定理：

對於 n 大於 2 的所有值，等式 $x^n + y^n = z^n$ 沒有任何的整數解

要解決證明這點的問題，有個方法是從小的 n 值開始，然後逐漸加大。這就是費馬解決的方法。$n = 4$ 的情況實際上比 $n = 3$ 簡單，費馬很可能已經證明了這種情況。在十八和十九世紀，歐拉補了 $n = 3$ 的情況，阿德里安 · 馬里 · 勒壤得完成 $n = 5$ 的情況，而加布里爾 · 拉梅（Gabriel Lamé）則證明 $n = 7$ 的情況。拉梅起初認為自己已經證明一般定理，但不幸的是他犯了錯誤。

恩斯特 · 庫默（Ernst Kummer）是主要的貢獻者，他在 1843 年提交一份手稿，主張他已經全面地證明定理，然而狄瑞克雷（Dirichlet）指出這個論證的缺失。法國科學院（French Academy of Sciences）提供 3000 法郎的獎金徵求有效證明，最終庫默得到這筆獎金。庫默證明這個定理在 n 小於 100 的所有質數（和其他的值）的情況下成立，但是排除非正規質數 37、59 和 67。

例如，他無法證明 $x^{67} + y^{67} = z^{67}$ 沒有整數解。然而他在證明定理上的失敗，大體來說反倒開啓了抽象代數的有用技巧，這在數學上或許比解決問題本身更有貢獻。

確實證明了無法化圓爲方的費迪南德 · 馮 · 林德曼，在 1907 年主張自己已經證明此一定理，但卻被發現他的證明有誤。沃夫司凱爾（Wolfskehl）在 1908 年立下遺囑，提供 100000 馬克的獎金獎勵第一個證明定理的人，這筆獎金在一百年內都有效。多年來，大約有 5000 個證明被提出和檢驗，但是全都沒有成功。

證明

儘管跟畢氏定理的連結只應用到 $n = 2$，但是與幾何的連結被證明是最終得證的關鍵。這個跟曲線理論和兩位日本數學家，谷山豐（Yutaka Taniyama）和志村五郎（Goro Shimura）提出的猜想有關。1993 年，安德魯 · 懷爾斯（Andrew Wiles）在劍橋以這個理論舉辦了一場演講，其中包括他對於費馬大定理的證明。不幸的是，這個證明是錯的。

另一個名字很相像的法國數學家安得烈 · 韋依（André Weil）放棄這樣的嘗試。他把證明理論比喻成攀登聖母峰（Everest），他補充說，如果一個人還差 100 碼才到達山頂，那麼他並沒有登上聖母峰。壓力來臨。懷爾斯閉關自守，不斷地研究這個問題。許多人認爲，懷爾斯會是那群「最接近」山頂的人之一。

總之，懷爾斯在同事的協助下得以刪除錯誤，並且用正確的論證取代。這次他說服了專家，證明了定理。他在 1995 年發表證明，並且主張此時仍在沃夫司凱爾獎金的有效期限內，他也因此成爲數學名人。過去那個坐在劍橋的公共圖書館裡讀著問題的十歲男孩，如今已獲得長足的進展。

重點概念
費馬大定理就在證明頁緣處的重點

50 黎曼猜想

黎曼猜想代表著理論數學中最艱困的挑戰之一。龐加萊猜想與費馬大定理都已經被克服，但是黎曼猜想還沒有解決。無論如何，猜想一旦有解，關於質數分布的疑難雜症都將迎刃而解，而數學家的眼前將會拓展出一大片新的問題等待繼續探索。

故事是由這樣的分數相加開始：

$$1 + \frac{1}{2} + \frac{1}{3}$$

答案是 $\frac{11}{6}$（近似 1.83）。但如果我們把越來越小的分數繼續相加，例如一直加到分母為 10，會發生什麼事呢？

$$1 + \frac{1}{2} + \frac{1}{3} + \frac{1}{4} + \frac{1}{5} + \frac{1}{6} + \frac{1}{7} + \frac{1}{8} + \frac{1}{9} + \frac{1}{10}$$

只要利用簡單的計算機，就可以將這些分數加總成大約為小數 2.9 的解。左表顯示總數隨著越來越多項相加而變大。

這樣一系列的數字：

$$1 + \frac{1}{2} + \frac{1}{3} + \frac{1}{4} + \frac{1}{5} + \frac{1}{6} + \cdots$$

被稱為調和級數。「調和」源自於畢達哥拉斯學派，他們相信被分成一半、三分之一、四分之一的絃，是發出和諧音符的要素。

在調和級數中，相加的分數越來越小，但總數會發生什麼變化呢？是否會一直成長到超越所有的數，或者在某處有個屏障，讓總數再也無法越過這個限制呢？若要回答這個問題，有個訣竅是把各項聚集，並隨著數字前進將組合加倍。舉例來說，如果我們把前八項相加（$8 = 2 \times 2 \times 2 = 2^3$）：

項的數量	總數（近似值）
1	1
10	2.9
100	5.2
1000	7.5
10000	9.8
100000	12.1
1000000	14.4
1000000000	21.3

大事紀

西元 1854	西元 1859	西元 1896
黎曼開始研究 ζ 函數（zeta function）	黎曼證明關鍵的解位於一條臨界帶上，並提出他的猜想	瓦雷・普桑和阿達馬證明所有重要的零點都位於黎曼的臨界帶內部

$$S_{2^3} = 1 + \frac{1}{2} + \left(\frac{1}{3} + \frac{1}{4}\right) + \left(\frac{1}{5} + \frac{1}{6} + \frac{1}{7} + \frac{1}{8}\right)$$

（其中的 S 代表總和），因為 $\frac{1}{3} > \frac{1}{4}$ 且 $\frac{1}{5} > \frac{1}{8}$（以此類推），所以這個數會大於

$$1 + \frac{1}{2} + \left(\frac{1}{4} + \frac{1}{4}\right) + \left(\frac{1}{8} + \frac{1}{8} + \frac{1}{8} + \frac{1}{8}\right) = 1 + \frac{1}{2} + \frac{1}{2} + \frac{1}{2}$$

因此我們可以說：

$$S_{2^3} > 1 + \frac{3}{2}$$

更一般的說是：

$$S_{2^k} > 1 + \frac{k}{2}$$

如果我們讓 $k = 20$，那麼 $n = 2^{20} = 1048576$（超過一百萬項），級數的總和只超過 14。總和以慢得不得了的方式增加，但我們可以選擇 k 值來讓級數總和超越任何預定的數，無論這個數有多大。級數可以說是發散到無限大。相較之下，有平方項的級數就不會這樣：

$$1 + \frac{1}{2^2} + \frac{1}{3^2} + \frac{1}{4^2} + \frac{1}{5^2} + \frac{1}{6^2} + \cdots$$

我們還是利用相同的程序：把越來越小的數字加在一起，但這次會達到一個極限，而這個極限小於 2。相當驚人的是，級數收斂到 $\frac{\pi^2}{6} = 1.64493\cdots$

在最後的級數中，項的次方為 2。在調和級數中，分母的次方恰好等於 1，這個值相當關鍵。如果次方的數字微微增加到剛好大於 1，級數就會收斂，但如果次方的數字稍稍減少到剛好小於 1，級數就會發散。調和級數正好位在這收斂與發散的分界線上。

黎曼 ζ 函數

著名的黎曼 zeta 函數 $\zeta(s)$ 實際上歐拉在十八世紀就已經得知，但是由波恩哈德·黎曼確認它完整的重要性。ζ 是希臘字母 zeta，這個函數的寫法為：

西元 **1900**
希爾伯特將猜想放入自己列出的數學家想解決的關鍵問題列表

西元 **1914**
哈代證明沿著黎曼的臨界線上有無限多的解

西元 **2004**
前十兆個零點已經被驗證是位在臨界線上

$$\zeta(s) = 1 + \frac{1}{2^s} + \frac{1}{3^s} + \frac{1}{4^s} + \frac{1}{5^s} + \frac{1}{6^s} + \cdots$$

ζ 函數的各種值已經計算出來，最重要的是 $\zeta(1) = \infty$，因為 $\zeta(1)$ 是調和級數，$\zeta(2)$ 的值是 $\frac{\pi^2}{6}$，這是歐拉發現的結果。已經有證明顯示，當 s 是偶數時，$\zeta(s)$ 的值全都牽涉到 π，然而當 s 是奇數時，$\zeta(s)$ 的值就困難許多。羅傑 · 阿培里（Roger Apéry）證明的重要結果是 $\zeta(3)$ 為無理數，但他的方法無法擴展到 $\zeta(5)$、$\zeta(7)$、$\zeta(9)$ 等等。

黎曼猜想

黎曼 ζ 函數中的變項 s 代表一個真實的變項，不過也可以擴展成一個複數。這讓強而有力的複數分析技術能夠應用在它的身上。

黎曼 ζ 函數有無限個零點，也就是能讓 $\zeta(s) = 0$ 的 s 值有無限多個。黎曼在 1859 年交給柏林科學院（Berlin Academy of Sciences）的論文中，證明所有重要的零點都是複數，而他們都位於界限 $x = 0$ 和 $x = 1$ 之間的臨界帶。他也提出知名的假設：

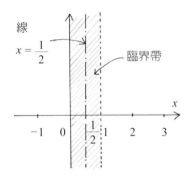

線 $x = \frac{1}{2}$

臨界帶

黎曼 zeta 函數 $\zeta(s)$ 的所有零點都位於 $x = \frac{1}{2}$ 這條線上，這是沿著臨界帶中央的一條線

解決這個猜想真正的第一步，是在 1896 年由查爾斯 · 瓦雷 · 普桑（Charles de la Vallée-Poussin）和雅克 · 阿達馬（Jacques Hadamard）各自邁出。他們證明零點一定位於臨界帶的內部（因此 x 不可能等於 0 或 1）。在 1914 年，英國數學家哈代（G. H. Hardy）證明無限多的零點位於 $x = \frac{1}{2}$ 這條線上，然而這並不能避免有無限多的零點位在這條線之外。

隨著數值的結果越來越多，1986 年以前計算出的非平凡零點（共 1500000000 個）都確實位於 $x = \frac{1}{2}$ 線上，而最新的計算已經驗證前十兆個零點也是如此。儘管這些實驗的結果都指出猜想是合理的，但這個猜想還是有可能是假的。這個猜想是說，所有零點都位於這條臨界線上，然而這個說法還在等待被證明或被反證。

黎曼猜想為何重要？

黎曼 zeta 函數 $\zeta(s)$ 和質數理論之間有著意想不到關聯。質數為 2、3、5、7、11 等等，是只能被 1 和自己整除的數。我們利用質數，可以形成這樣的式子：

$$\left(1 - \frac{1}{2^s}\right) \times \left(1 - \frac{1}{3^s}\right) \times \left(1 - \frac{1}{5^s}\right) \times \cdots$$

這原來是黎曼 zeta 函數 $\zeta(s)$ 的另一種寫法。這讓我們知道，黎曼 zeta 函數的知識能讓我們明白質數的分布，並且增強我們對數學基本建構元件的理解。

在 1990 年，大衛 · 希爾伯特提出他著名的等待數學家解決的 23 個問題。他在第八個問題中提到：「如果我在沈睡了五百年後醒來，我的第一個問題會是：黎曼猜想得到證明了嗎？」

一年夏天，哈代在拜訪丹麥的友人哈拉爾德 · 玻爾（Harald Bohr）後要橫渡北海，當時他用黎曼猜想作為他的保險。在小船離港之前，他寄給朋友一張明信片，上面寫著他剛剛證明了黎曼猜想。這真是個兩面討好的聰明賭注，如果船沉了，他會獲得解決偉大問題的哀榮。另一方面，如果神確實存在，祂不會允許像哈代這樣的無神論者得到如此的榮耀，因此不會讓小船沉沒。

能夠嚴謹地解決這個問題的人，將贏得克雷數學研究所提供的一百萬元獎金。但金錢並不是驅動的力量，多數的數學家會因為達成結果，並且在偉大數學家的殿堂中享有高位而感到滿足。

重點概念
黎曼猜想是終極的挑戰

詞彙表

Algebra 代數 處理的是字母而非數字，因此讓算術得以擴展，現在代數可用在所有數學及其應用的一般方法。「代數（algebra）」這個字，源自於九世紀的一本阿拉伯教科書所使用的 al-jabr。

Algorithm 演算法 數學的食譜；解決問題的一組慣例程序。

Argand diagram 阿岡圖 以視覺的方法呈現複數的二維平面。

Axiom 公理 無需尋求證明的陳述，通常用於定義系統。對希臘人來說，公理跟「公設」這個名詞有相同的目的，但對於它本身來說，這是個不言而喻的真相。

Base 基數 數字系統的基礎。巴比倫人的數字系統是以 60 爲基數（六十進位制），而現代則是以 10 爲基數（十進位制）。

Binary number system 二進位數字系統 基於兩個符號（0 和 1）的數字系統，是電腦計算的基礎。

Cardinaltiy 基數 集合裡的物體數量。集合 $\{a, b, c, d, e\}$ 的基數是 5，但基數在無限集合的情況中也被賦予意義。

Chaos theory 混沌理論 隨機但具有潛在規律性的動態系統理論。

Commutative 交換 如果 $a \times b = b \times a$，那麼代數中的乘法是可交換的，像是普通代數（例如 $2 \times 3 = 3 \times 2$）。在近世代數的許多分支中，就不是這樣的情況（例如矩陣代數）。

Conic section 圓錐曲線 古典曲線家族的集體名字，其中包含圓、直線、橢圓、拋物線和雙曲線。各個曲線都可在圓錐形的截面上找到。

Corollary 系理 定理的微小推論結果。

Counterexample 反例 反證一個陳述的單一例子。出示一隻黑天鵝作爲反例，就可以證明「所有天鵝都是白的」這句陳述爲誤。

Denominator 分母 分數的底部部分。在分數 $\frac{3}{7}$ 中，數字 7 爲分母。

Differentiation 微分 微積分中的基本運算，產生導數或變化率。例如，對於描述距離如何依時間而變的式子，導數代表速度。對於速度的式子，導數代表加速度。

Diophantine equation 丟番圖方程（不定方程） 其解必須爲整數或可能是分數的方程式。以希臘數學家亞歷山卓的丟番圖（約西元 250 年）爲名。

Discrete 離散 用來表示跟「連續」相反的名詞。離散值之間有間隔，像是整數 1、2、3、4……之間的間隔。

Distribution 分布 在一個實驗或情境中，事件發生的機率範圍。例如，布瓦松分布可以得出稀有事件 x 就每個 x 值的發生機率。

Divisor 因數 可以將另一個整數整除的整數。例如數字 2 是 6 的因數，因爲 $6 \div 2 = 3$。所以 3 是 6 的另一個因數，因爲 $6 \div 3 = 2$。

Empty set 空集合 集合裡沒有任何物體，通常以記號 ∅ 表示，在集合理論中是個有用的概念。

Exponent 指數 算術中使用的記號。一個數自己相乘，如 5×5 寫成 5^2，指數爲 2。$5 \times 5 \times 5$ 的式子寫成 5^3 等等。記號可以延伸使用：例如，$5^{\frac{1}{2}}$ 的意思是 5 的平方根。與冪或次方的意義相同。

Fraction 分數 一個整數除以另一個數，例如 $\frac{3}{7}$。

Geometry 幾何 處理線、形狀和空間的性質，這門學科是在西元前三世紀、歐幾里得的《幾何原本》中被形式化。幾何學遍及數學各處，現今已經失去其受限的歷史意義。

Greatest common divisor, gcd 最大公因數 兩個數的最大公因數（gcd）是可以把兩個數都完全整除的最大數字。例如，6 是數字 18 和 84 的最大公因數。

Hexadecimal system 十六進位制 基於十六個符號（0、1、2、3、4、5、6、7、8、9、A、B、C、D、E、F），以 16 爲基數的數字系統，廣泛被用於計算。

Hypothesis 假設 等待被證明或反證的暫時性陳述。跟猜想有相同的數學地位。

Imaginary numbers 虛數 涉及「虛的」$i = \sqrt{-1}$ 的數。他們有助於在結合普通（或「實」）數時形成複數。

Integration 積分 微積分中的基本運算，用於測量面積。可被證明爲微分的逆運算。

Irrational numbers 無理數 無法以分數表示的數（例如 2 的平方根）。

Iteration 疊代 由一個 a 值開始並重複某個運算，此一過程稱爲疊代。例如，由 3 開始，重複地加上 5，我們會得到疊代數列 3, 8, 13, 18, 23, ……。

Lemma 引理 協助證明主要定理的陳述。

Matrix 矩陣 配置成正方形或長方形的數字或符號陣列。陣列可以相加和相乘，他們會形成一個代數系統。

Numerator 分子 分數的上面部分。在分數 $\frac{3}{7}$ 中，數字 3 爲分子。

One-to-one correspondence 一對一對應 當一個集合裡的各物體剛好對應到另一個集合的一個

物體，反之亦然，其關係本質就是一對一對應。

Optimum solution　最佳解　許多問題需要最適當或最佳的解答。這個解或許是最小的費用或最大的利潤，像是在線性規劃裡所出現的。

Place-value system　位值系統　數值大小仰賴他的數碼所在的位置，例如73，7的位值代表「七十」而3代表「個位數三」。

Polyhedron　多面體　具有許多面的立體形狀。例如，四面體有四個三角形的面，而立方體有六個正方形的面。

Prime number　質數　除了本身和1之外沒有其他的因數的整數。例如，7是質數，但6不是（因為 $6÷2＝3$）。一般來說，質數數列是由2開始。

Pythagoras's theorem

畢氏定理　如果直角三角形的三邊為 x、y 和 z，且 z 為相對於直角的最長邊（斜邊），則 $x^2＋y^2＝z^2$。

Quaternions　四元數　四維的虛數，由 W. R. 漢米爾頓發現。

Rational numbers　有理數　不是整數就是分數的數。

Remainder　餘數　如果一個整數除以另一個整數，剩下的數就是餘數。例如17除以3得5，餘數為2。

Sequence　數列　一排（可能是無限的）數字或符號。

Series　級數　一排（可能是無限的）數字或符號加在一起。

Set　集合　一組物體的聚集：例如一些家具品項的集合可能是 F＝{椅子，桌子，沙發，凳子，櫥櫃}。

Square number　平方數　一個整數乘上自己的結果。數字9是平方數，因為 $9＝3×3$。平方數有1、4、9、16、25、36、49、64、……。

Square root　平方根　與自己相乘會等於一個特定數的數字。例如3是9的平方根，因為 $3×3＝9$。

Squaring the circle　化圓為方　只用直尺畫直線和圓規畫圓，構成面積跟某一特定圓相同的方形的問題（不可能做到）。

Symmetry　對稱　形狀的規律性。如果一個形狀可以在旋轉後仍完全填滿原先的印記，我們就說它具有旋轉對稱。如果圖形的反射符合原先的印記，就具有鏡像對稱。

Theorem　定理　對於某一結果的確立事實所專用的名詞。

Transcendental number　超越數　無法作為代數方程式之解的數，像是 $ax^2＋bx＋c＝0$ 或 x 有更高次方的方程式。數字 $π$ 是超越數。

Twin primes　孿生質數　兩個質數被最多一個數字分開。例如，11和13是孿生質數。無法確知雙生質數是否有無限多對。

Unit fraction　單位分數　上面（分子）是1的分數，古埃及的數字系統部分是基於單位分數。

Venn diagram　文氏圖（范式圖）　集合裡論中用到的圖示方法（氣球圖示）。

x-y axes　x-y 軸　勒內·笛卡兒提出的概念，繪製的點有 x 座標（水平軸）和 y 座標（垂直軸）。

RE37

50則非知不可的數學概念

作　　　者	湯尼‧克立(Tony Crilly)
譯　　　者	李明芝
發 行 人	楊榮川
總 經 理	楊士清
總 編 輯	楊秀麗
主　　　編	高至廷
責任編輯	許子萱
封面設計	小書呆
出 版 者	五南圖書出版股份有限公司
地　　　址	106台北市大安區和平東路二段339號4樓
電　　　話	(02)2705-5066
傳　　　真	(02)2706-6100
劃撥帳號	01068953
戶　　　名	五南圖書出版股份有限公司
網　　　址	https://www.wunan.com.tw
電子郵件	wunan@wunan.com.tw
法律顧問	林勝安律師事務所　林勝安律師
出版日期	2016年8月初版一刷
	2017年9月二版一刷
	2021年11月二版三刷
定　　　價	新臺幣320元

國家圖書館出版品預行編目資料

50則非知不可的數學概念 / 湯尼‧克立著；李
明芝譯. — 二版. — 臺北市：五南圖書出版
股份有限公司, 2017.09
　面；　公分
譯自：50 mathematical ideas you really need
　　　to know.
　ISBN 978-957-11-9294-9 (平裝)
1.數學
310　　　　　　　　　　　　　106012364